W0288005

ERIC
HOLTHAUS

LA TERRA DI DOMANI

CIÒ CHE CI ASPETTA E COME POSSIAMO AGIRE CONTRO IL RISCALDAMENTO GLOBALE

Traduzione di Giuliana Lupi

HarperCollins

ISBN 978-88-6905-993-3

Titolo originale dell'edizione in lingua inglese:
The Future Earth
HarperOne
an Imprint of HarperCollins *Publishers*
© 2020 Eric Holthaus

Traduzione di Giuliana Lupi

Tutti i diritti sono riservati incluso il diritto
di riproduzione integrale o parziale in qualsiasi forma.
Questa edizione è pubblicata in accordo con
HarperCollins Publishers LLC, New York, U.S.A.

© 2022 HarperCollins Italia S.p.A., Milano
Prima edizione HarperCollins
aprile 2022

FSC
www.fsc.org
MISTO
Carta da fonti gestite
in maniera responsabile
FSC® C005461

Questo libro è prodotto con carta FSC certificata e da fonti controllate con un sistema
di controllo di parte terza indipendente per garantire una gestione forestale responsabile.

A Roscoe e Zeke

Se non posso salvarci

lascia che ti senta
salvo e felice
sul mio petto.

Se il mondo annegherà
o brucerà

beviamo luce di stelle
dormicchiamo sotto gli alberi
cantiamo sulla spiaggia...

la corsa mattutina per sederci al chiuso
a che serve, in fondo?

Se stiamo morendo

lascia che mi squarci
per sanguinare Amore,
che lo riversi, lo consumi
e veda quanto ce n'è

la ricompensa dell'avaro
qual è, in fondo?

Se questa vita sta finendo

lascia che ne inizi
una nuova

LYNNA ODEL, 2019 (per gentile concessione dell'autrice)

PARTE I

Un'emergenza esistenziale

Nel settembre 2017, Portorico cominciava appena a riprendersi da una delle peggiori siccità pluriennali della sua storia. Nel momento di massima penuria d'acqua, il governo dell'isola era arrivato a razionarne l'uso per i duecentomila residenti dell'area di San Juan, un provvedimento drastico, inasprito da anni di austerità e incuria coloniale. Alla popolazione era permesso aprire i rubinetti soltanto ogni tre giorni, il che significava rinunciare a una delle esigenze fondamentali dell'esistenza.

Poi è arrivato l'uragano Maria, che ha dato inizio alla più grave crisi umanitaria della storia americana moderna.

Nel giro di qualche ora, i venti che soffiavano a 250 chilometri orari e le piogge torrenziali hanno lasciato l'isola senza energia elettrica per mesi, alterando le basi stesse della sua civiltà. Dopo l'uragano, i superstiti si sono dibattuti per intere settimane tra mille difficoltà per trovare acqua potabile, cibo commestibile, un tetto e un'assistenza sanitaria adeguata. Non avendo scelta, alcuni abitanti di Portorico si sono visti costretti a bere l'acqua di falde contaminate da rifiuti tossici.[1] A centinaia sono morti perché gli ospedali, anche quand'erano fisicamente accessibili, non avevano l'elettricità necessaria a fornire i servizi essenziali.

Per i sopravvissuti, Maria ha significato dover reimmaginare ex novo la realtà. I resoconti di prima mano trasudavano shock e angoscia.

Nei primi giorni dopo Maria, Ly Pérez, una studentessa dell'università di Portorico, mi ha raccontato tramite un sms come lei e gli altri studenti avessero appreso soltanto dalla radio ciò che stava accadendo intorno a loro. "[Oggi] per la prima volta, ho visto le immagini, e sono terrificanti. Continuavano a parlare di 'disastro', e tu ti figuri degli scenari, ma non sono nemmeno lontanamente paragonabili alla realtà, che è straziante."[2]

Siamo arrivati a un punto in cui ogni fenomeno meteorologico, in ogni stagione e in ogni paese della Terra, è direttamente collegato ai cambiamenti che noi uomini abbiamo inflitto all'atmosfera del nostro pianeta. L'uragano Maria non faceva eccezione. Uno studio del 2019, pubblicato sulla rivista *Geophysical Research Letters*, ha stabilito che il riscaldamento globale aveva reso le disastrose inondazioni prodotte da Maria cinque volte più probabili di quanto sarebbero state nel 1956, quando in Portorico si sono iniziate a registrare le precipitazioni con strumenti all'avanguardia.[3] David Keellings, il principale autore dello studio, ha detto all'American Geophysical Union che «le precipitazioni dell'uragano Maria sono l'evento più estremo che l'isola abbia mai conosciuto».[4]

Maria ha danneggiato o distrutto circa trenta milioni di alberi, modificando il paesaggio in modo radicale e senza precedenti.[5] Vista la rapidità del surriscaldamento climatico, i biologi di Portorico dubitano che le foreste abbattute dall'uragano potranno mai tornare alla loro precedente biodiversità. Il danno maggiore l'hanno subìto molte delle latifoglie più grandi e a crescita più lenta dell'isola, come il tabonuco e la balata, le cui vaste chiome ospitavano uccelli, pipistrelli e raganelle. Se i prossimi uragani saranno violenti quanto Maria (o anche di più), alla fine Portorico avrà esclusivamente foreste di alberi più piccoli e bassi, più resistenti ai venti forti e al dilavamento provocato dalle inondazioni, il che priverà le specie locali del loro habitat. A più di un anno dalla tragedia, le immagini satellitari mostravano un'isola molto meno verdeggiante.

E la tempesta non si è ancora placata. Secondo Joseph Prewitt Diaz, consulente per la salute mentale in caso di calamità della Croce rossa americana, nell'isola è in atto "il disastro psicosociale di più ampia portata in America".[6] La lentezza della ripresa ha creato un'"emergenza esistenziale", una nuova normalità – caratterizzata da disperazione, ansia e stress postraumatico – che si riscontra di solito nei campi profughi e nelle zone di guerra e che qui permea invece la vita quotidiana.

Niente di tutto ciò era inevitabile, né imprevedibile. Quello che sta accadendo in Portorico è il prodotto di secoli di decisioni prese nell'ambito di un sistema distruttivo. Ed è da secoli che lo sappiamo, grazie in larga misura a quelle persone le cui voci troppo spesso sono state giudicate pericolose o indegne della nostra attenzione. Ora gli scienziati sono certi che l'uso dei combustibili fossili e la distruzione, da parte nostra, degli ecosistemi del paese stanno rapidamente mettendo in forse il futuro della civiltà umana.

Il mio intento, con questo libro, è quello di aiutarti a immaginare quale può essere la tua parte nel costruire un mondo migliore, che funzioni per ciascuno di noi, a prescindere dallo status sociale, dal ceto o dal genere. E ricordarti che sei nato proprio al momento giusto per contribuire a cambiare tutto.

Poiché per decenni ci siamo rifiutati di agire, i cambiamenti climatici non sono più soltanto materia per gli scienziati. Ormai sono diventati, in sostanza, una questione di equità. Il fatto che *ogni anno* continuiamo a segnare nuovi record nell'emissione di gas serra a dispetto del rapido riscaldamento del nostro pianeta è un sintomo sconcertante di un problema più ampio, che riguarda la struttura stessa della nostra società. Oltre a essere una questione di equità, i cambiamenti climatici sono anche un'emergenza esistenziale che tocca ciascuno di noi e ogni settore della società, un'emergenza che rende impossibile districare in maniera sensata gli effetti di condizioni atmosferiche sempre più estreme dal sistema iniquo che le ha causate. Le prove sono intorno a noi: dobbiamo intraprendere, in fretta, un cammino diverso.

Ma come?

La radice latina della parola "disastro" significa "sotto una cattiva stella", letteralmente un cattivo presagio dagli astri. Ma i disastri legati ai cambiamenti climatici non hanno più niente a che vedere con la sfortuna. Abbiamo fatto pendere la bilancia dalla parte della catastrofe, soprattutto nelle regioni che meno hanno contribuito a creare il problema. La meteorologia è progredita al punto che adesso siamo in grado di prevedere quando e dove si verificheranno tali disastri. Sappiamo anche che, a causa della nostra struttura sociale, a essere più colpite dalle calamità saranno quelle zone del pianeta più vulnerabili dal punto di vista economico e sociale: le persone, come i sopravvissuti all'uragano Maria in Portorico, che fin troppo spesso subiscono le peggiori ingiustizie della storia.

Oggi, i cambiamenti climatici si sommano alle calamità naturali, dando alle persone meno tempo per riprendersi prima di una nuova crisi. Gli abitanti di isole piccole come Portorico hanno risorse limitate di acqua dolce già in condizioni normali. Uno studio del 2018 ha stabilito che nei Caraibi la siccità è sempre più grave, nonostante gli uragani siano più violenti e le precipitazioni più intense.[7] E questa combinazione di emergenze sociali e climatiche si riscontra in tutto il mondo, ogni singolo anno.

Nel 2016, l'anno prima di Maria, dall'altra parte del mondo, il ciclone Winston si è rapidamente rafforzato, fino a diventare il più potente mai misurato nell'emisfero australe, poche ore prima di abbattersi sulle isole Fiji. In un discorso alla nazione dopo l'evento, il presidente Jioji Konrote ha promesso solennemente che il paese avrebbe fatto «tutto ciò che è in suo potere per convincere la comunità globale della causa principale [del disastro]»: i cambiamenti climatici. «È una battaglia che dobbiamo vincere» ha affermato. «È in gioco il nostro intero modo di vivere.»[8] Anni dopo il ciclone, mentre le stagioni piovose si susseguono e la ripresa stenta, scuole e famiglie sono ancora alloggiate in tende fornite dallo stato.

Nel 2017, pochi giorni prima che Maria colpisse Portorico, un altro uragano è passato sui Caraibi: Irma, il più violento mai abbattutosi sull'oceano Atlantico, ha investito Barbuda con venti fino a 300 chilometri orari, distruggendola al 90 per cento. L'intera popolazione è fuggita, lasciando l'isola completamente disabitata per la prima volta da centinaia di anni. Per legge e tradizione, a Barbuda la proprietà dei terreni è comune, ma adesso, sulla scia dell'uragano, gli immobiliaristi privati fanno pressioni sul governo affinché cambi la legge così da incentivare il turismo.

Nel 2018, il tifone Yutu ha colpito Saipan, la più grande delle Isole Marianne Settentrionali, che sono territorio statunitense.

Con venti che soffiavano a 290 chilometri all'ora, è stato il più potente della storia di quelle isole. Prima di allora, Saipan era una delle mete turistiche dalla crescita più rapida, ma il suo casinò, tra le principali attrazioni, stenta a rimanere redditizio dopo il passaggio di Yutu, perciò il governo ha dovuto ridimensionare gli interventi per la ripresa, inclusa la ricostruzione delle scuole.

I cicloni Idai e Kenneth hanno colpito il Mozambico nel 2019 a distanza di sei settimane l'uno dall'altro. Era la prima volta nella storia documentata che il paese veniva investito da più uragani in un lasso di tempo tanto ravvicinato. Idai aveva provocato già abbastanza danni – l'ONU lo ha definito "uno dei peggiori disastri climatici dell'emisfero australe"[9] – ma Kenneth si è dimostrato il ciclone più violento che si sia mai abbattuto sull'Africa continentale. Subito dopo il loro passaggio, gli aiuti internazionali hanno raccolto soltanto il 25 per cento dei fondi necessari per la ricostruzione. Per coprire il disavanzo e finanziare la propria ripresa, il Mozambico è stato costretto a prendere in prestito milioni di dollari dal Fondo Monetario Internazionale.

Questi disastri danneggiano in modo sproporzionato le donne, i disabili, le persone a basso reddito, i neri e le comunità indigene, tutti già emarginati per ragioni sia storiche sia attuali. Nel 2018, quando l'uragano Michael ha attraversato la Florida e la Georgia, era appena il quarto di categoria 5 che si fosse mai abbattuto sugli Stati Uniti. Le aree più colpite erano tra le più povere della nazione: contee immiserite della Georgia meridionale e della Florida Panhandle, segnate da secoli di razzismo e schiavitù. Ma subito dopo Michael, anziché attirare l'attenzione su quelle comunità, i media si sono concentrati per lo più sui danni per miliardi di dollari subiti dai caccia della base aerea di Tyndall in Florida.

In Alaska, dove il 92 per cento degli introiti statali dipende tuttora dall'industria petrolifera e metanifera, l'estate è oggi una stagione di temporali anomali, incendi indomabili e ondate di calore senza precedenti. Nel 2018 lo stato ha raggiunto un sinistro traguardo: per la prima volta la temperatura annua media ha superato lo zero. Il 4 luglio 2019, mentre il fumo degli incendi oscurava il cielo, ad Anchorage il termometro è arrivato a 32 °C e la banchisa intorno all'Alaska ha toccato un nuovo minimo storico. Il permafrost – il terreno ghiacciato che intrappola miliardi di tonnellate di carbonio in tutto l'Artico[10] – si sta sciogliendo decenni prima di quanto previsto dagli scienziati, peggiorando gli effetti dei cambiamenti climatici e sgretolando case, aziende, strade... e perfino intere comunità indigene. Uno studio condotto dalla NASA alla fine dell'anno ha confermato che l'Artico è diventato un emettitore netto di gas serra probabilmente per la prima volta in decine di migliaia di anni.[11] Luglio 2019 è stato il mese più caldo mai registrato nella storia del nostro pianeta.[12]

E all'inizio di settembre l'uragano Dorian, anch'esso di categoria 5, ha stazionato sulle isole Abaco, nelle Bahamas, per quasi un'intera giornata. Nonostante le devastazioni che ha prodotto, la stampa americana ha in gran parte ignorato Dorian e le sue conseguenze, preferendo occuparsi con enfasi del presidente Trump che, con un pennarello nero, aveva modificato una previsione ufficiale del National Hurricane Center affinché apparisse in linea con un suo tweet in cui aveva affermato, erroneamente, che l'uragano minacciava invece l'Alabama. Purtroppo è così che spesso si comporta la stampa, come se la gente che deve fare i conti con emergenze climatiche sempre più gravi fosse irrilevante, almeno finché le calamità non si abbattono sul suolo statunitense.

A detta di tutti, Dorian ha inflitto alle Bahamas la peggiore giornata di maltempo nella storia documentate dell'emisfero occidentale: venti che soffiavano a 300 chilometri orari, un innalzamento dell'oceano di 7 metri, una forza implacabile che ha raso al suolo perfino i rifugi in cemento. Migliaia di immigrati tahitiani, molti dei quali lavoravano nei lussuosi resort di Treasure Cay, hanno perso tutto.

«Ogni mattina ti svegli, apri la porta, vedi le macerie e ci stai male» ha dichiarato al *Miami Herald* Eddie Floyd Bodie, un pastore delle Bahamas cresciuto vicino all'area colpita da Dorian. «Ti chiedi che sta succedendo. È brutto sapere che non vedrai più le cose che eri abituato a vedere. E cosa ti dici? Ti dici che farai meglio ad abituartici, ma non è facile. La pressione si fa sentire.»[13]

Alla vigilia di Capodanno, in Australia si è scatenata una tempesta di fuoco. Nella località turistica di Mallacoota migliaia di persone si sono rifugiate sulla spiaggia, circondate da ogni parte dalle fiamme che avanzavano rapide.[14] L'incendio, il più vasto nella storia documentata del continente, ha interessato una superficie pari a ottanta volte la città di New York. Interi ecosistemi sono stati spazzati via. Nel solo stato del Nuovo Galles del Sud si stima siano rimasti uccisi 480 milioni di mammiferi, uccelli e rettili.[15] E mentre il suo paese bruciava, il Primo ministro Scott Morrison assisteva ai fuochi d'artificio nella baia di Sydney.

Non sempre i cambiamenti climatici assumono forme così drammatiche. Più spesso, sono insidiosi. Gli insetti sopravvivono in luoghi dove un tempo non erano in grado di farlo, aumentando di molto il rischio di malattie tropicali anche in paesi nordici come l'Alaska e la Groenlandia.[16] Alla ricerca di un clima più fresco, alberi, uccelli, mammiferi e altre specie risalgono le chine montuose e si dirigono verso i poli. I germogli primaverili spuntano ogni anno un po' prima, modificando i tempi delle interazioni tra migliaia di specie e spostando le zone climatiche di tolleranza, il che squilibra pericolosamente interi ecosistemi. Le ondate di calore sono adesso più lunghe e letali.[17] Il fumo degli incendi aggrava le malattie croniche a centinaia di chilometri di distanza dalle fiamme. L'inquinamento atmosferico, peggiorato dall'uso di combustibili fossili, uccide oltre diciannovemila persone ogni giorno, rendendolo una delle principali cause di morte in quasi ogni paese della Terra. Oggi, un numero mai riscontrato prima di giovani ricorre a cure per problemi di salute mentale, in parte perché manca loro la certezza di avere un futuro vivibile.[18]

Non si può andare avanti così. In qualche modo dobbiamo imparare a prenderci nuovamente cura gli uni degli altri.

Scrivendo dell'impatto dei cambiamenti climatici sul pianeta, i giornalisti attirano spesso la nostra attenzione su persone e luoghi molto distanti dalle nostre esperienze quotidiane. Gli orsi polari sono creature maestose e affascinanti, ma praticamente a nessuno di noi capiterà mai di interagire con uno di essi. Nell'Artico, il numero crescente di animali che muoiono di fame sta avendo un impatto molto più immediato sulla vita dei milioni di persone che ci abitano. Negli ultimi anni, in Russia, circa un quarto dei caribù è morto per gli inverni insolitamente caldi che hanno trasformato la neve, di solito soffice, in uno strato di ghiaccio che ha impedito agli animali di raggiungere l'erba sottostante.[19] La riduzione della banchisa non danneggia soltanto gli orsi polari, che dipendono dal ghiaccio per pescare, ma ha ripercussioni devastanti sull'intera catena alimentare della regione, dalle balene migratrici al plancton. Gli uccelli marini, come le pulcinelle di mare che sono tra i primi indicatori della salute degli oceani, stanno anch'essi scomparendo rapidamente. Sulla terraferma, a poca distanza dalle coste artiche, la durata del periodo vegetativo è quasi raddoppiata nell'ultimo decennio a mano a mano che il mare aperto, libero dai ghiacci, ha trasformato il paesaggio da tundra a macchia umida. L'ambiente è andato in tilt.

In alto mare, l'apertura di nuove vie d'acqua ha trasformato l'industria ittica dell'Artico: in Groenlandia, gli sgombri – pesci migratori che vivono anche in acque tropicali – non si erano mai visti fino all'inizio del XXI secolo. Adesso giungono sin lì ogni anno e rappresentano ormai un quarto dell'economia ittica groenlandese. Anche i salmoni, prossimi all'estinzione in California, sono stati avvistati occasionalmente nell'Artico. Tutti questi mutamenti si verificano mentre le popolazioni che abitano quelle zone da migliaia di anni combattono per preservare il proprio stile di vita e respingere società rapaci che vogliono istituire rotte di navigazione nell'Artico e sfruttarne il sottosuolo.

Nel frattempo, il resto di noi fa ogni giorno le sue esperienze surreali di un pianeta in rapida trasformazione. Nel 2016, un polpo disteso in un parcheggio di Miami Beach è diventato virale su internet. Il giornalista meteorologo Brian Kahn ha tenuto un registro di simili momenti alla Dalí su Twitter, etichettandoli come "Cartoline dall'Antropocene".[20] Tra gli articoli recenti compaiono: un uomo che pesca con la mosca vicino al monumento a Washington (finendo per prendere una carpa); due uomini che giocano a golf sullo sfondo di un furioso incendio; un uomo che taglia il prato mentre nei pressi del suo giardino si scatena un tornado; gente che prende il sole durante un'ondata di calore in Finlandia e divide la propria acqua con un caribù; un'imbarcazione della polizia che naviga al centro di un'autostrada nel North Carolina; camerieri e avventori di un ristorante in Italia che proseguivano imperterriti la cena con l'acqua alle caviglie; un aereo antincendio che preleva acqua a poca distanza da una spiaggia frequentata da surfisti in California.

Quel polpo di Miami Beach è diventato famoso a causa di un'alta marea eccezionale, un fenomeno che si verifica due volte al mese durante l'allineamento gravitazionale della Terra, del sole e della luna ed è accentuato dall'innalzamento dei mari. Sarà probabilmente questo graduale aumento delle inondazioni a costringere gli abitanti della Florida a ritirarsi dalle coste, non un uragano devastante. Entro gli anni Quaranta del secolo, ossia entro il termine di scadenza della maggioranza dei mutui immobiliari, l'Union of Concerned Scientists prevede che le inondazioni costiere "croniche" – sono definite così quelle che si verificano ventisei o più volte in un anno – interesseranno trecentomila abitazioni costruite sui litorali, il cui valore totale ammonta attualmente a oltre cento miliardi di dollari.[21] E questo, nei soli Stati Uniti. Alla fine del secolo quella cifra potrebbe schizzare a centinaia di migliaia di miliardi in tutto il mondo, se dovessero verificarsi gli scenari peggiori di innalzamento dei mari, una prospettiva davvero sconfortante che il climatologo James Hansen ha descritto come "la scomparsa di tutte le città costiere, che sono tra le più grandi del mondo, e di tutta la loro storia".[22]

Cambiamenti simili, diffusi e insidiosi al tempo stesso, definiscono la nostra nuova era planetaria. Lo sconvolgimento di quasi ogni ecosistema sulla Terra giova alle specie erbose opportunistiche, mentre i vegetali e gli animali specializzati sono costretti a adattarsi molto in fretta. Non c'è esempio più calzante per questo fenomeno del rapido aumento, in tutto il mondo, delle meduse, che sono diventate un pericolo per i nuotatori e le centrali elettriche e stanno ormai dominando gli ecosistemi dell'intero pianeta. L'esperta di meduse Lisa-ann Gershwin ha dichiarato che per queste creature, che esistono da almeno 585 milioni di anni, il momento attuale potrebbe essere il migliore in cui si siano mai trovate a vivere. «Immaginate un mondo dove qualcun altro scalda l'acqua in cui vivete, permettendovi di crescere più in fretta, mangiare di più (ovviamente c'è più cibo perché le specie competitrici sono scomparse), riprodurvi di più e vivere più a lungo per farlo» ha spiegato. «Sareste senz'altro felici.»[23]

Ciò che sta accadendo negli oceani accade anche sulla terraferma. L'aumento delle temperature accresce il tasso metabolico dei microbi contenuti nel terreno, come batteri e miceti. Scomponendo materiale vegetale e animale in putrefazione a un ritmo più rapido, rilasciano una maggiore quantità di gas serra molto potenti, come il metano, che fa aumentare il riscaldamento globale. Poiché l'attività microbica è letteralmente alla base della vita sulla Terra, il fatto che gli schemi comportamentali di questi organismi stiano mutando in fretta è preoccupante.

Ovviamente, sulla terraferma si verificano anche cambiamenti più visibili. Lo sconvolgimento interessa un gran numero di piante e animali che ci affascinano e che magnifichiamo in canzoni e poesie. Le lucciole, che rincorrevamo da bambini nelle sere d'estate, compaiono sempre prima, a mano a mano che le primavere diventano più calde e le precipitazioni meno regolari. Ora in India i rododendri, dai cui fiori sull'Himalaya si ricava un succo, sbocciano addirittura con tre mesi d'anticipo. Le distese di campanule tipiche dei boschi britannici potrebbero non sopravvivere, perché quei fragili fiori non sono abbastanza resistenti da tenere il passo con il mutare delle stagioni. Al ritmo del riscaldamento attuale, l'abete di Douglas, prediletto come albero di Natale e protagonista delle foreste della zona nordoccidentale del Pacifico, potrebbe scomparire totalmente dalle coste entro la fine del secolo.

In quasi ogni cultura, in quasi ogni paese del globo, gli uomini hanno sempre prestato attenzione ai sottili cambiamenti dell'ambiente che li circonda e fatto affidamento sui segnali del mondo naturale per comprendere l'ordinato scorrere del tempo. Valutando documentazioni di ogni genere, dal canto degli uccelli allo sbocciare dei fiori, oggi abbiamo più di 26.500 segni indipendenti che il clima sta cambiando.[24] Da oltre un millennio, gli abitanti di Kyoto, in Giappone, registrano la data della fioritura dei ciliegi. I boccioli rosa e bianchi si schiudono adesso in aprile, mediamente dai dieci ai quindici giorni prima di quanto abbiano fatto negli ultimi mille anni. In Micronesia, i più grandi marinai mai esistiti si orientavano per migliaia di chilometri in mare aperto osservando le stelle, le onde, le nuvole e gli uccelli. Oggi, i loro discendenti guardano con apprensione crescente quelle stesse onde invadere le loro terre natie. In Australia, più di quarantamila anni di osservazioni meteorologiche hanno guidato gli aborigeni nella comprensione delle stagioni, e una storia orale tramandata per diecimila anni li aiuta adesso a prepararsi ai cambiamenti climatici ricordando e imparando da un rapporto di lunga data con la terra. In Botswana, nel delta dell'Okavango, dove il clima è tra i più variabili della Terra, i metodi tradizionali per prevedere il tempo hanno funto per generazioni da valide strategie per pronosticare il futuro.

Adesso però è iniziata una nuova era, nella quale prestare attenzione alla natura è più urgente che mai. Nell'ultimo decennio la fenologia, lo studio delle reazioni di animali e piante al clima, ha acquistato un'importanza sempre maggiore nel contesto del rapido cambiamento globale. Tradizionalmente, la fenologia si è concentrata sulle fluttuazioni stagionali delle piante e degli animali migratori, ma di recente gli studiosi hanno riscontrato comportamenti così insoliti da indurli a pensare che si sia giunti a un punto critico.

Una cosa è chiara: negli ultimi anni questi trend non fanno che peggiorare. Non abbiamo più soltanto un tempo pazzo; sono impazzite pure le stagioni. Nel 2012 e nel 2017, in gran parte dell'America del Nord la primavera è stata eccezionalmente precoce, una tendenza che potrebbe tramutarsi ben presto in un incubo per l'agricoltura. Nel marzo 2012 le minime notturne in Michigan sono salite oltre i precedenti picchi massimi in molte città, rovinando i raccolti di mele e ciliegie dell'intero stato. Temperature da piena estate – punte di 32 °C – in un luogo che di solito vede la neve sul terreno fino ad aprile. Nel 2017 un'altra primavera precoce, questa volta sulla costa orientale degli Stati Uniti, ha disorientato gli uccelli migratori provocando uno sfasamento tra la disponibilità di cibo e l'arrivo da molto lontano di animali affamati. È stata anche una delle stagioni delle allergie peggiori e più lunghe che si ricordino.

Theresa Crimmins, direttrice associata del National Phenology Network a Tucson, in Arizona, segnala questo tipo di cambiamenti come parte del suo lavoro ed è sconvolta da ciò che vede. «Se non agiamo quanto prima» mi ha detto, «le proiezioni dei cambiamenti climatici indicano che anni come il 2012 e il 2017 potrebbero diventare normali negli Stati Uniti entro la metà del secolo.»[25]

In tutto il mondo, i fenologi come Crimmins osservano in tempo reale, sbalorditi, i dati che arrivano da migliaia di parchi, giardini, musei e segnalazioni di gente comune. Quando il cambiamento è così rapido, talvolta adattarsi è semplicemente impossibile.

In momenti come questi si può cadere nella solastalgia, una profonda nostalgia per il mondo naturale che sappiamo non tornerà mai più.[26] Studi recenti hanno evidenziato che il nostro cervello conserva la memoria degli estremi meteorologici soltanto per un periodo che va dai due agli otto anni.[27] In un pianeta che cambia rapidamente, non disponiamo di un quadro di riferimento che ci aiuti a stabilire quanto sono insolite le nostre esperienze relative al clima. I cambiamenti climatici modificano chi siamo, modificano il nostro senso del luogo, allentano la nostra presa sulla realtà. Non c'è da meravigliarsi se a volte ci sembra di star perdendo il controllo.

Ovviamente, anche la mia storia personale ha a che fare con il clima. Sono cresciuto in Kansas. Ancor prima dei cambiamenti climatici, là il territorio è già stato trasformato in maniera radicale rispetto a quello che i colonizzatori europei definirono "il grande deserto americano". In Kansas, patria dei Kaw per migliaia di anni, si trovano oggi alcuni dei terreni agricoli più produttivi del pianeta. In un mondo che si sta riscaldando, però, l'agricoltura industrializzata espone la regione a un rischio enorme. Il Kansas occidentale, per esempio, riceve ogni anno la stessa quantità di precipitazioni dell'Arizona settentrionale. Da decenni i suoi agricoltori attingono in misura crescente dalla falda acquifera di Ogallala per coltivare il granturco. Che accadrà quando quelle acque freatiche si ridurranno al punto da non essere più utilizzabili per irrigare i campi? Che cosa accadrà alla mia città natale? Che cosa accadrà alle innumerevoli altre cittadine e alle famiglie che da generazioni le chiamano "casa"?

Nella primavera del 2019, l'effetto frusta dei cambiamenti climatici è stato evidente su una scala vastissima: pochi mesi dopo che la siccità del 2018 aveva rovinato le colture in Kansas e Missouri, è arrivato l'anno più piovoso della storia statunitense. I fiumi sono straripati, inondando decine di città dal Nord e Sud Dakota alla Louisiana e trasformandole in vere e proprie isole. In un punto, tra Omaha e Kansas City, il Missouri ha rotto tutti gli argini. Una veduta aerea al confine con il Nebraska ha confermato che il Missouri straripato sembrava più un oceano che un fiume. Le città, da Saint Louis a Baton Rouge, hanno conosciuto l'esondazione di più lunga durata della storia. E mentre l'alluvione primaverile si protraeva nella stagione degli uragani, una triplice minaccia si è presentata a luglio con l'uragano Barry: per la prima volta New Orleans attendeva l'attacco delle piogge, del fiume e dell'innalzamento dei mari.

Se la tendenza rimane questa, a metà del secolo le siccità protratte saranno diventate più comuni e più gravi in tutta la parte occidentale dell'America del Nord, compreso il mio stato natale del Kansas. Studi recenti prevedono in un futuro un po' più lontano una megasiccità che durerà per decenni. Anzi, potrebbe essere già iniziata.[28] Una siccità tanto prolungata creerebbe una nuova normalità: anche se la quantità delle precipitazioni rimanesse immutata, l'aumento delle temperature accelererebbe l'evaporazione, rendendo la pioggia meno utile per le piante e alterando così ogni aspetto della vita nei luoghi in cui sono cresciuto.

Raccontare in tempo reale la distruzione del mondo naturale indotta dall'uomo non è un'occupazione che raccomanderei a chi si attacca emotivamente al proprio lavoro. Osservare ciò che sta accadendo con l'occhio attento del meteorologo e il cuore spalancato di un genitore è difficile. Ma quando i miei due figli, Roscoe e Zeke, che ancora non vanno a scuola, avranno la mia età, il mondo sarà totalmente diverso. È un'informazione che non so bene come gestire. Il mio lavoro è studiare le condizioni atmosferiche e il clima su scala globale, eppure non sono in grado di comprendere fino in fondo quale cambiamento radicale interesserà il nostro quartiere durante l'esistenza dei miei ragazzi.

La casa dove abitiamo attualmente a Saint Paul, in Minnesota, si trova a poco meno di un chilometro dal Mississippi. A eccezione dell'Alaska, il Minnesota è lo stato in cui il riscaldamento è più rapido. Stiamo perdendo popolazioni di specie animali e vegetali autoctone a un ritmo allarmante, pari a quello che si riscontra nelle isole del Pacifico. E proprio come in Portorico, il tempo sta diventando più irregolare ed estremo. In un altro periodo storico, Saint Paul sarebbe stato il luogo perfetto per crescere una famiglia. Adesso, invece, ci sono giorni in cui mi assale un'ansia profonda e sono paralizzato dalla preoccupazione per ciò che accadrà se non cambiamo radicalmente corso.

Spesso mi chiedo:

Il bosco dietro casa sopravvivrà?

Le nostre zanzare cominceranno a trasmettere malattie tropicali?

Una piena improvvisa si porterà via la nostra strada?

I nostri vicini continueranno ad accogliere i profughi e i migranti climatici o inizieranno a respingerli?

Ci alleeremo in tempo per realizzare il cambiamento di cui c'è bisogno?

A quelli di noi che cercano di dare un senso al momento attuale, il fatto che il clima muti di continuo potrebbe già sembrare ovvio. Ma i cambiamenti su scala planetaria non dovrebbero verificarsi nel giro di un secolo né tantomeno nel tempo necessario ai miei figli per diventare adulti. Più approfondisco ciò che sta succedendo, più mi riesce difficile mantenere una posizione imparziale e obiettiva quando ne scrivo. Non posso ignorare di essere una persona in carne e ossa che cresce dei figli che saranno su questa Terra (si spera) per molti altri decenni. Nel giro di pochi anni cominceranno a fare domande difficili. Voglio avere le risposte. Ciò rende i cambiamenti climatici una questione personale. E, per me, una questione d'amore.[29]

Condurre ricerche per questo libro e scriverlo ha rappresentato una lotta emotiva di anni, che è iniziata quando la mia ex moglie e io eravamo ancora in attesa di

Roscoe ed è proseguita attraverso svariati trasferimenti in giro per il paese, un divorzio, una malattia mentale e diversi tentativi di ricominciare daccapo. Eppure mi sento uno dei fortunati. Mi rendo conto che i cambiamenti climatici non riguardano la mia persona o i miei sentimenti, ma so anche che scriverne è l'unica cosa giusta in un momento in cui la posta in gioco è così alta. Per gran parte del tempo ho la sensazione di non tenere il passo. E se io, dalla mia posizione di maschio bianco in una nazione ricca e stabile, mi sento così, è impossibile non evidenziare il coraggio e la pura volontà di sopravvivenza di persone che abitano in posti come le isole Abaco. Non c'è da meravigliarsi che nel mondo ci siamo giovani schiacciati dall'ansia per il clima e affetti da sindrome da stress pre-traumatico, dato che non sanno nemmeno se avranno un futuro.

Gli eventi degli ultimi anni dimostrano che abbiamo superato il primo importante punto critico relativo al clima. Ciò ha implicazioni profonde per chiunque, anche se non ce ne rendiamo conto. Nel giro di qualche mese, i cambiamenti climatici sono passati dall'essere un presunto fenomeno futuro a qualcosa che sta provocando danni immediati e irreversibili sull'intero pianeta.

E quindi, cosa significa questo per noi come individui e per la nostra società? Come elaboriamo la consapevolezza soverchiante e terrificante di vivere in un'epoca della storia della Terra che assiste a mutamenti tanto rapidi? E, cosa più importante, perché non sono di più le persone che impazziscono per questo?

Ognuno di noi ha sperimentato perdite profonde nella propria vita: una brutta separazione, malattie incurabili, tragedie per le quali il mondo sembrava crollarci addosso. Cosa potrebbe significare per un'intera nazione, società o civiltà attraversare unita, mano nella mano, fasi di dolore e perdita, di depressione e lutto, tutte insieme? Come sarebbe anticipare non soltanto la nostra morte ma la Fine, l'apocalisse? Questo è vivere nel mondo odierno.

Oltre ai progressi tecnologici che verranno in nostro soccorso durante questa emergenza climatica, c'è una rivoluzione nella psicologia umana, nel modo in cui concepiamo noi stessi e il nostro posto nel grande ordine delle cose. L'innalzamento dei mari, le migrazioni di massa e gli eventi meteorologici sempre più estremi significano che l'idea del predominio dell'umanità sul mondo naturale sta per essere capovolta. "Se non pretendiamo un cambiamento radicale" scrive l'attivista e scrittrice Naomi Klein, "ci ritroveremo con un intero mondo di persone in cerca di una casa che non esiste più."[30]

Singolarmente, ciascuno di noi dovrà vivere il lutto per la perdita di un mondo che credevamo sarebbe esistito per sempre. Collettivamente, per riprenderci dal lutto e accettare la perdita, dovremo condividere visioni alternative di un futuro comune, storie di come la sventura climatica non sia inevitabile e di come potrebbe essere la Terra se facciamo quant'è necessario – e ancora assolutamente possibile – per scongiurare la peggiore minaccia alla nostra stessa esistenza.

Non sei l'unico a sentirti così in questo momento. E il semplice fatto che altri ancora non ci si sentano non sminuisce l'intensità di ciò che provi. Non sei il solo a sopportare questo timore esistenziale, questa paura del futuro, questa disperazione. Quel che è altrettanto importante, però, è che questi sentimenti non devono necessariamente definire chi sei. Anzi, la tua energia, le tue emozioni, il tuo desiderio di riparare a questo torto sono una parte fondamentale della soluzione. È proprio perché t'importa e vuoi che le cose cambino che ti senti così.

Nel gennaio 2017 ho iniziato a fare consulenze sull'ansia legata al clima. A tutt'oggi, mi sto ancora sforzando di capire come concentrare la mia attenzione e le mie energie per combattere i cambiamenti climatici. Ma ti posso dire che una parte della risposta sta già nel parlarne, nel sapere di non essere soli. Attingendo alla psicoterapia, sono convinto che nella nostra vita – e nella società – le soluzioni ai problemi possano emergere spontaneamente già solo discutendone. L'atto fisico di parlare cambia il modo di lavorare del nostro cervello e c'induce a pensare in maniera differente. E se mai c'è stato un momento in cui era necessario pensare in maniera differente è senz'altro questo.

Nelle centinaia di conversazioni avute mentre svolgevo ricerche per questo libro, continuavo a tornare a una conclusione inevitabile: fintantoché siamo ancora qui, significa che non abbiamo perso la battaglia. E questa consapevolezza mi dà un barlume di speranza.

Ho ormai accettato il fatto che stiamo entrando in uno spaventoso periodo di profondi mutamenti. Non intendo fare pressione a favore di specifici cambiamenti radicali di stile di vita o di nuove campagne politiche rivoluzionarie in risposta alla situazione. Non mi compete. Intendo invece incoraggiare tutti noi a esplorare futuri possibili sulla base delle più recenti conoscenze scientifiche e a continuare a confidare nel fatto che le conversazioni in sé possano trasformare. È probabile che tu – sì, tu – abbia un'idea che a me non è mai venuta. E potrebbe essere la tua idea a fare la differenza. Questo nostro tempo esige che ascoltiamo le persone che finora sono rimaste ignorate e inascoltate, perché ciò che hanno da dire è scomodo per chi detiene il potere. Questo problema ci tocca tutti, perciò il futuro avrà bisogno della creatività di ciascuno di noi.

Mi sono convinto di una cosa: ci serve una rivoluzione, che puoi definire come vuoi. Ma comunque la definiamo, per superare i prossimi decenni sarà necessaria una trasformazione totale di quasi tutto ciò che conosciamo. Il vecchio mondo è morto, quello che verrà dipende da noi.

Sono un giornalista. Non mi posso permettere pannelli solari per la mia casa o una Tesla. Spesso l'idea di partecipare a una manifestazione mi mette a disagio. Posso però parlare con i miei amici di ciò che provo. Posso immaginare quello che spero di vedere in futuro. E poi, magari, si potrebbero analizzare le cose che possiamo fare insieme per sfruttare il nostro comune desiderio di equità. Forse, insieme, possiamo dare vita un movimento incentrato sull'amore e sulla riparazione.

La peggiore bugia sul clima è che l'unica risposta sia l'azione individuale; è, invece, la ricetta per l'esaurimento e il disastro senza fine. L'azione individuale è utile soltanto quando contribuisce a indirizzare la società verso il cambiamento radicale. E l'unico modo per instaurare un cambiamento di lunga durata è adoperarsi per un futuro in cui ogni essere umano è importante.

Il terreno su cui sorge la fattoria della mia famiglia è attraversato da un ruscello. L'inverno scorso, durante un periodo di freddo particolarmente intenso, Roscoe e io ci siamo avventurati sul ruscello gelato insieme a mio padre per visitare una tana di castori e controllare il buco nel ghiaccio, dove gli animali rimangono attivi per tutto l'inverno, una cosa che la gente di queste parti fa da migliaia di anni. Sarà stato vedere mio figlio maggiore assimilare una parte del sapere che mio padre ha accumulato nel corso di una vita in quell'angolo del Kansas, o forse constatare come piante e animali – adesso che in inverno il ghiaccio spesso è diventato raro – si adattino pian piano al clima che cambia, fatto sta che quel pomeriggio mi è sembrato il retaggio di un tempo dimenticato, lì per ricordarmi, in un modo inquietante quanto tangibile, che ciò che conoscevamo e amavamo in passato non sarà mai più possibile.

Questo è l'effetto che fa il cambiamento climatico, che si viva in Kansas o in Portorico, alle Fiji o a Houston: un caos persistente, un'incertezza sottile, la perdita improvvisa di ciò che ci era familiare, sogni rimodellati e reindirizzati, aspettative disimparate.

Non possiamo più negare che le condizioni meteorologiche ormai sono cambiate in ogni angolo della Terra, che la causa del mutamento siamo noi e che abbiamo il potere di scegliere un percorso diverso.

Verso la fine del 2018, un rapporto speciale dell'Intergovernmental Panel on Climate Change (IPCC) ha fatto scalpore in tutto il mondo.[31] Il gruppo di scienziati incaricati dalle Nazioni Unite di compilare il rapporto ha scoperto che, in assenza di uno sforzo eroico, il mondo si ritrova con cambiamenti dell'atmosfera e degli oceani così pericolosi da mettere a repentaglio l'esistenza della civiltà. Dopo anni di riflessioni, quella severa valutazione è scaturita dalla richiesta, da parte delle nazioni più vulnerabili del pianeta, di studiare il modo di limitare il riscaldamento globale a non più di 1,5 °C, un tetto che, secondo gli scienziati, offrirebbe le migliori opportunità di preservare la stabilità dei sistemi ecologici e sociali interconnessi del pianeta. Se non si prendono provvedimenti, il mondo raggiungerà quel grado e mezzo in più già nel 2030, mettendo in pericolo la vita di diverse centinaia di milioni di persone.[32] Su questo punto il rapporto era categorico: per garantire un futuro vivibile, dobbiamo fare tutto il possibile e subito. Non c'è più scampo. Il rischio per l'esistenza aumenterà di parecchio se il mondo lascerà che l'obiettivo di 1,5 gradi slitti a 2, molto meno dei 3,4 °C ai quali ci stiamo avvicinando adesso. Ma cercare di decidere tra 1,5 e 2 gradi è come scegliere tra *Hunger Games* e *Mad Max*, per dirla con Kendra Pierre-Louis, giornalista che si occupa del clima per il *New York Times*.

Uno dei principali autori del rapporto, il climatologo tedesco Hans-Otto Pörtner, mi ha detto che la valutazione dell'IPCC rappresenta una pietra miliare, e un terribile avvertimento. «Se non facciamo qualcosa» ha ammonito, «il futuro climatico del pianeta non avrà precedenti, se confrontato con quant'è accaduto durante tutta la storia evolutiva dell'uomo... I cambiamenti climatici stanno determinando il futuro della nostra civiltà.»

Non avevamo ancora metabolizzato la portata del rapporto dell'IPCC, che è scoppiata una bomba forse ancora peggiore. Un'équipe di scienziati della Piattaforma intergovernativa sulla biodiversità e i servizi ecosistemici (IPBES), sponsorizzata dalle Nazioni Unite, ha scoperto che potremmo aver avviato un'estinzione di massa come poche nella storia della Terra.[33] Senza un cambiamento radicale, un milione di specie rischiano di scomparire nei prossimi decenni, il che significa una specie su otto in tutto il pianeta.

Quel giorno, il titolo del *Guardian* così riassumeva la posta in gioco: "A rischio l'intera vita naturale sulla Terra".[34] Ciò che appare altrettanto chiaro dal rapporto, ma non necessariamente dai titoli dei notiziari, è che gli scienziati hanno individuato nella natura estrattiva e sfruttatrice dell'economia globale la radice del problema. Dal rapporto dell'IPBES emerge che gli attuali metodi di coltivazione, deforestazione e urbanizzazione stanno distruggendo l'ecologia del pianeta a un ritmo da decine a centinaia di volte più sostenuto che in qualsiasi altro momento degli ultimi dieci milioni di anni.

Secondo uno studio recente, il nostro impatto attuale sul clima è di circa centosettanta volte più veloce di qualunque forza naturale.[35] Alcuni dei cambiamenti climatici più rapidi della storia si sono verificati circa duecentocinquanta milioni di anni fa, nel periodo noto come "estinzione di massa del Permiano-Triassico", durante il quale scomparve circa il 90 per cento di tutte le specie presenti sulla Terra: la peggiore moria di sempre. A quel tempo, estese eruzioni vulcaniche aumentarono il contenuto di gas serra dell'atmosfera, provocando, nel corso di circa ventimila anni, un brusco riscaldamento globale. Adesso un cambiamento di una gravità simile potrebbe verificarsi in appena un paio di secoli. Will Steffen, un climatologo residente in Australia che ha contribuito allo studio dell'IPBES, ha detto che, nell'ottica della storia geologica, «l'ordine di grandezza dell'impatto umano sui cambiamenti climatici richiama alla mente la caduta di un meteorite, più che un mutamento graduale».[36]

Secondo Gretta Pecl, che dirige il Centro di socioecologia marina all'Università della Tasmania, in Australia, questo fatto cambia tutto. Le specie che migrano a causa dei cambiamenti climatici non rispettano i confini degli stati o dei parchi nazionali. «I vecchi metodi di conservazione sono da buttare» mi ha spiegato. «Eravamo abituati a proteggere gli ecosistemi di piccole aree delimitate, ma adesso è tutto cambiato, e per sempre. Dobbiamo capire come gestire le specie elaborando una strategia su vasta scala.»[37]

Di tutti i cambiamenti ecologici descritti nel rapporto dell'IPBES, il più devastante riscontrato finora è stato la perdita di un quarto delle barriere coralline mondiali, accelerata dal Niño del 2015, un evento record che ha modificato l'andamento meteorologico in tutto il mondo e avviato mutamenti permanenti negli ecosistemi marini e terrestri di ogni parte del globo.

El Niño è un riscaldamento naturale, periodico, delle acque dell'oceano Pacifico tropicale, ma nel 2015 il fenomeno è stato tutt'altro che naturale. Studi recenti dimostrano che il riscaldamento degli oceani potrebbe alterare il ciclo del Niño, rendendo più frequenti episodi estremi. Quest'acqua calda sta effettivamente danneggiando gli oceani, che sono alla base della catena alimentare planetaria. La perdita delle barriere coralline significa che potremmo già essere entrati in un'era di estinzione di massa in cui interi ecosistemi vengono annientati quasi da un giorno all'altro. E se perdiamo le barriere, perdiamo uno dei capisaldi della vita sulla Terra.

«Su di noi incombe un'enorme crisi planetaria e non sappiamo far altro che nascondere la testa sotto la sabbia» ha dichiarato al *New York Times* Justin Marshall, studioso di barriere coralline dell'Università del Queensland.[38]

Le barriere coralline sono più importanti di quanto si possa immaginare: occupando appena lo 0,2 per cento degli oceani, nutrono circa un quarto delle specie marine e danno di che vivere a cinquecento milioni di persone. Ma oltre a questo, quando sono sane la loro bellezza è stupefacente. Sono tra le cose che rendono tanto speciale la vita sulla Terra.

L'atollo corallino più grande del mondo, l'isola Kiritimati (grafia gilbertese della parola inglese "Christmas", Natale), era, fino a poco tempo fa, l'ecosistema marino meglio conservato. Per qualche mese, un'équipe di ricercatori – con a capo Julia Baum, biologa all'Università di Victoria, e Kim Cobb, climatologa al Georgia Tech – hanno verificato la salute della barriera corallina, o meglio, in questo caso, la sua assenza. Le loro misurazioni hanno dato un risultato sconvolgente: a Kiritimati circa l'80 per cento delle colonie di coralli era morto e un altro 15 per cento era gravemente sbiancato e, probabilmente, prossimo a morire. È come se qualcuno decidesse di abbattere il 90 per cento delle sequoie giganti del Sequoia National Park durante un fine settimana. A Kiritimati un intero ecosistema ha sostanzialmente cessato di esistere in un batter d'occhio.

Quando uno degli ultimi giorni di immersioni, ho parlato con l'équipe attraverso un telefono satellitare nelle loro voci lo shock era palpabile. «Ci sono buone probabilità che questa barriera non sia mai più la stessa» ha detto Cobb, ricacciando indietro le lacrime. «È un campanello d'allarme.»[39]

Cobb lavora a Kiritimati da anni, perciò sa bene quale aspetto dovrebbe avere. Dai campioni che la sua équipe ha analizzato, stima che nei settemila anni di storia dei coralli a Kiritimati non si sia mai verificata una moria pari a quella attuale. Nei prossimi decenni, il riscaldamento globale aggraverà la pressione sui coralli, rendendo più frequenti i fenomeni di sbiancamento di molte barriere coralline in tutto il mondo. Per alcuni, come per gli abitanti di Kiritimati, il peggior episodio di sbiancamento dei coralli potrebbe aver già segnato un punto di non ritorno.

«È una storia che il resto del mondo dovrebbe ascoltare» ha detto Cobb, aggiungendo che la morte dei coralli a Kiritimati è la prova che «i cambiamenti climatici non sono soltanto una progressione lineare e costante verso un diverso stato del pianeta. I cambiamenti climatici si verificheranno attraverso estremi di questo tipo. È come una scala che porta a un sistema differente».[40]

Dopo decenni di emissioni in rapido aumento, è evidente che il sistema climatico terrestre è una scala che sale verso l'ignoto. Gli scienziati hanno identificato decine di punti critici e proprietà non lineari del sistema climatico che suscitano al tempo stesso paura e speranza. Paura per ovvi motivi – potremmo ben presto perdere la relativa stabilità di cui abbiamo goduto fino a poco tempo fa – e speranza perché, a prescindere da quanto potrebbero andare male le cose, un'azione rapida sarà probabilmente sufficiente a prevenire lo scenario peggiore. L'implicazione più importante del nostro sistema climatico non lineare è che l'apocalisse non è inevitabile. Al contempo, però, ogni momento che indugiamo rende il cambiamento ecologico sempre più irreversibile.

Parte della copertura mediatica del rapporto dell'IPCC ne riassumeva le severe conclusioni con l'indicazione fin troppo familiare di un limite di tempo per agire. "Il mondo ha appena un decennio per mettere sotto controllo i cambiamenti climatici" titolava il *Washington Post*.[41] Questo però è un modo assolutamente sbagliato di presentare la situazione. Ci resta soltanto un decennio per completare una riorganizzazione coordinata della nostra società volta a fronteggiare questa sfida. Gli scienziati sono stati chiarissimi in proposito. Entro il 2030 dovremo aver ridotto di metà le emissioni globali (il 45 per cento in meno dei livelli del 2010), il che, secondo l'IPCC, richiederebbe "cambiamenti rapidi, di vasta portata e senza precedenti di ogni aspetto della società".[42]

Tale transizione deve iniziare immediatamente. Non c'è tempo da perdere.

«Bisogna esercitare tutte le opzioni» ha dichiarato il climatologo scozzese Jim Skea, uno degli autori principali del rapporto, alla conferenza stampa. «Possiamo scegliere quanta parte usare di ciascuna opzione... ma è impensabile tralasciarne anche una sola.»[43]

Un tale cambiamento radicale non deve mirare soltanto a scongiurare l'apocalisse, ma anche a costruire il quadro di un futuro per il quale valga la pena combattere. Immaginare il mondo come un inferno in fiamme è, per certi versi, molto più facile che immaginarne uno dove ci si mette insieme per costruire una nuova versione di società che funzioni per ogni individuo e ogni specie. Dobbiamo intraprendere il duro lavoro di plasmare una cultura fatta di speranza radicale, ostinata e coraggiosa.

Kim Cobb ha dedicato la sua intera vita lavorativa allo studio delle barriere coralline del Pacifico centrale, ma l'evento del recente sbiancamento l'ha chiaramente cambiata. Dalla nostra telefonata da Kiritimati è diventata un'attivista. Ha organizzato manifestazioni. Tiene presentazioni di oceanografia a organizzazioni giovanili. Va al lavoro in bicicletta. Ha notevolmente ridotto l'uso di automobili e aeroplani. Ha testimoniato al Congresso sulla necessità di provvedimenti radicali. Ha trasformato la sua vita. Eppure è piena di dubbi e le battute d'arresto sono tante. Dopo la divulgazione del rapporto dell'IPBES nel 2019, Cobb mi ha detto: «A volte, quando mi alzo la mattina, mi chiedo perché diamine tutto questo abbia importanza».[44]

Il suo coraggio m'ispira e mi tranquillizza. Cambiare il mondo è difficile, ma lei sa che non c'è tempo da perdere. Eppure continua a essere ottimista e coraggiosa di fronte a un'impresa apparentemente impossibile. «Uno dei pochissimi vantaggi di questa nuova lotta» mi ha detto, «è [che s'impara] a lavorare insieme e a non dare assolutamente niente per scontato.»[45]

Diventare radicali

Un cambiamento radicale è ormai inevitabile. Sta a noi favorire dialoghi nuovi che affrontino di petto questa verità, e che tuttavia siano pervasi da quel genere di pazienza e sollecitudine necessario a trasformare finalmente le nostre intenzioni in azioni sensate. Dobbiamo avviare una transizione verso un nuovo tipo di ambientalismo che rifletta la maniera in cui funziona l'ambiente attuale: non una dimostrazione di individualismo o di superiorità morale, bensì un modello attuabile e modulabile di un modo nuovo di vivere radicato nella solidarietà collettiva e nell'equità universale.

Per tutto il prossimo decennio sperimenteremo tanto una fantasia creativa quanto una distruzione creativa, che probabilmente susciteranno un profondo e persistente senso di ansia per il destino della nostra civiltà. Certi tempi e certi spazi ci mettono a disagio per la loro stessa natura: androni bui e vuoti; aree di sosta sulle autostrade; i momenti successivi a una separazione. Si tratta di spazi liminali. Se ti trovi a trascorrere più di qualche minuto in uno spazio liminale, o di transizione, il tuo cervello rettiliano vuole fuggire: suonano campanelli d'allarme, c'è qualcosa che non va. Poiché trascendono la nostra normale comprensione di come dovrebbe funzionare il mondo, quei luoghi c'inquietano. Gli spazi liminali sono temporanei, incompleti e sinistri. Implicano un tale grado di possibilità che talvolta sono letteralmente terrificanti.

Adesso la Terra – l'intero pianeta – è uno spazio liminale. Stiamo cominciando a impararlo, a prendere coscienza che un cambiamento radicale è inevitabile, anche se non sappiamo esattamente che forma assumerà. Tuttavia questo tempo è quanto mai necessario affinché noi, come specie, capiamo che cosa stiamo per diventare.

Samantha Earle, filosofa dell'Università dell'East Anglia specializzata in spazi liminali, è fermamente convinta che la civiltà occidentale sia ormai pronta per un mutamento radicale. La conversazione avuta con lei è quella che più mi ha cambiato mentre lavoravo a questo libro. Ai filosofi piace parlare di un "immaginario", o di un modello guida, in base al quale si organizzano le società. Earle non s'illude che il processo sarà facile, ma proprio come i climatologi sono sicuri che la strada che stiamo percorrendo ci porterà all'inevitabile distruzione dei sistemi fondamentali di supporto alla vita sul nostro pianeta, lei è certa che l'attuale modello guida prevalente di civiltà non possa durare.

«Siamo giunti al momento in cui non è più possibile rispondere ai problemi del mondo con l'immaginario prevalente» mi ha detto. «Siamo a un punto di rottura.»[46]

Che la crisi della nostra società si stia verificando proprio in un momento critico della nostra atmosfera e dei nostri sistemi non è una coincidenza. Noi esseri umani riproduciamo di continuo la società in cui viviamo attraverso i nostri pensieri e le nostre azioni, in gran parte in modo inconscio, per abitudine o routine, oppure perché esporci ad azioni e pensieri nuovi comporta rischi che non siamo disposti a correre. Ma tutto ciò che facciamo ogni singolo giorno rappresenta una scelta, il che significa che è possibile fare scelte diverse.

«Il problema principale della società è che non riconosciamo nemmeno di avere un particolare immaginario e che le cose non devono essere necessariamente così» ha aggiunto Earle. In tempi normali, «ci manca la consapevolezza critica, la capacità di immaginare in maniera radicale».[47]

Ecco perché gli oppositori del cambiamento radicale sono riusciti a classificare gli sforzi per proteggere l'ambiente o per annullare gli effetti dei cambiamenti climatici come sacrifici personali. Ci concentriamo sugli svantaggi e la scomodità di prendere il treno piuttosto che avvalerci del *car sharing*, per esempio, invece di immaginare o adoperarci per un mondo in cui le automobili semplicemente non esistono perché le città sono progettate tenendo a mente le persone. Scegliamo di continuare a finanziare l'industria dei combustibili fossili perché hanno speso miliardi di dollari per far sì che la vita ci sembri più facile quando compriamo i loro prodotti. Lo status quo è comodo per un motivo: rende l'esistenza quotidiana più semplice da gestire, soprattutto se l'alternativa ancora non esiste; o, meglio, se chi detiene il potere si oppone attivamente alla realizzazione di un mondo migliore.

Nel bel mezzo di uno spazio liminale, però, tutto è possibile. «Lo spazio liminale è un tempo di incertezza radicale in cui i concetti fondamentali in base ai quali viviamo e intorno ai quali è organizzata la società non hanno più senso» mi ha spiegato Samantha Earle. «Non è solo che non siamo in grado di interpretare i problemi che abbiamo di fronte. Non siamo neppure capaci di concettualizzarli. È un tempo in cui siamo quasi sospesi e che ha profonde implicazioni esistenziali. Abbiamo ancora un immaginario, ma non funziona, e al momento non ne abbiamo uno con cui sostituirlo, è una situazione in cui può accadere di tutto.»[48]

Il primo passo per muoversi in questo spazio è ammettere il disagio che si prova come individui e come società. C'è un potere creativo in quel disagio: ci aiuta a scorgere con sguardo limpido le possibili strade che abbiamo di fronte. Ci aiuta a immaginare qualcosa di meglio.

In genere, il cambiamento radicale non è una cosa a cui scegliamo di pensare spesso nel nostro tempo libero. È sgradevole considerare la velocità con cui il nostro pianeta si sta muovendo verso una nuova versione di sé e più pericolosa. Non ci piace contemplare il delicato equilibrio tra la catastrofe ambientale e la nostra determinazione a renderci più confortevole l'esistenza, ma non abbiamo più scelta.

E allora, dove andiamo? Come possiamo, tu e io, sfruttare questo spauracchio esistenziale come forza motivante per immaginare una strada diversa? E poi, come la costruiamo?

«I cambiamenti climatici sono innanzitutto un problema del nostro rapporto con il futuro» mi ha detto lo scrittore e filosofo Alex Steffen quando avevo appena iniziato a scrivere questo libro. «Abbiamo un modo quasi interamente culturale di pensare al futuro. Se non siamo capaci di adattare i nostri punti di vista culturali per includervi l'idea che è necessario vivere in un rapporto sostenibile con i sistemi a lungo termine, non metteremo mai in atto nessuna delle altre azioni che bisogna intraprendere.»[49]

Uno studio recente ha delineato un programma per realizzare il tipo di cambiamento di cui parla Steffen.[50]

«Ci vuole molto, molto di più che incrementare l'uso dell'energia solare o eolica» ha affermato Johan Rockström, principale autore dello studio. «Ci vuole una decarbonizzazione rapida, più una rivoluzione nella produzione alimentare, più una rivoluzione sostenibile, più una massiccia realizzazione su scala industriale delle tecnologie [per la rimozione dell'anidride carbonica].»[51] Secondo Rockström e la sua équipe, per far tornare i conti dobbiamo dimezzare le emissioni entro il 2030, poi dimezzare i livelli del 2030 entro il 2040 e dimezzarli ancora entro il 2050. Perfino questi sforzi eroici ci garantiranno soltanto una chance del 50 per cento di mantenere il limite di 1,5 gradi nell'aumento della temperatura su cui il mondo si è accordato a Parigi. Una volta che tutto ciò sarà stato fatto, i miei figli avranno poco più della mia età attuale. Zeke non potrà nemmeno votare fino al 2034. Per allora, se non facciamo niente, avremo perso l'ultima opportunità che ci è rimasta di avere un mondo vivibile.

Come andrà a finire nessuno può saperlo, ovviamente, ma possiamo fare qualche stima ragionata. I meteorologi come me sono soliti predire il futuro in un modo estraneo alla maggioranza degli altri professionisti. Sono in grado di vedere una gamma di possibili eventi meteorologici futuri e figurarsi come saranno. Finora non abbiamo fatto un buon lavoro nell'immaginare come il clima influirà sulla società tra molti anni. Per la prima volta, però, lo studio di Rockström ci fornisce una maniera semplice per rifletterci: un cambiamento trasformazionale, di decennio in decennio, per i prossimi trent'anni.

Sono davvero pochi a vivere già in questo mondo futuro. E ancora meno a comprendere che le nostre azioni attuali necessitano di un cambiamento sistemico. E nessuno di loro è famoso o influente quanto Greta Thunberg. Il fatto improbabile che Greta, una diciassettenne svedese, sia una delle persone più potenti del pianeta è un'ulteriore prova che le vecchie regole non valgono più. La sua capacità di esprimere verità disarmanti circa l'emergenza climatica in cui versiamo va ben oltre il suo impegno per uno stile di vita a impatto zero. Il suo potere si fonda sul fatto che, alla fin fine, sa che le azioni sono significative soltanto se producono un cambiamento radicale e sistemico. Dato che le sue sono così semplici, tutti possono unirsi a lei. Greta ci ha mostrato il modo di uscire da questo spazio liminale.

Un recente sondaggio ha rivelato che una persona su cinque nel mondo occidentale sostiene ora di prendere meno l'aereo perché il movimento di Greta l'ha aiutata a cominciare.[52] In Svezia esiste perfino una parola nuova – *flygskam*, vergogna di volare – e il settore del trasporto aereo, fondato sulla promessa di una crescita economica eterna, inizia ad avere paura. La SAS, la compagnia di bandiera svedese, l'ha denominato "l'effetto Greta". Rappresentanti di tutte le ventinove compagnie aeree che figurano nell'indice di riferimento della Borsa svedese dicono che ormai nel paese il trasporto aereo ha probabilmente raggiunto il picco in modo permanente, perché la gente comincia a capire che, in piena emergenza climatica, non esiste nel breve periodo un'alternativa praticabile al carburante per aerei. E le batterie pesano troppo per un trasporto aereo basato sugli apparecchi a reazione così come lo conosciamo; è fisica elementare.

La prima volta che ho visto Greta era tarda sera, una

figurina con indosso una giacca blu, in piedi nel mio soggiorno, che leggeva un biglietto scritto a mano che avevo preparato per lei insieme ai miei bambini. Con il padre, Svante, era arrivata a casa mia nel Minnesota da Iowa City per riposarsi qualche ora in una Tesla che le aveva prestato Arnold Schwarzenegger. Nei mesi precedenti, Greta aveva parlato al parlamento europeo a Bruxelles; era salita su una barca a vela nel Regno Unito e aveva attraversato l'Atlantico per tenere un discorso ai leader mondiali all'Assemblea generale delle Nazioni Unite a New York; aveva presieduto il più grande raduno per il clima nella storia mondiale a Montréal e aveva incontrato la famosa scrofa diventata un'icona vegana nell'Ontario. Il pomeriggio successivo sarebbe partita per Pine Ridge e Standing Rock, nel Sud Dakota, per incontrare le persone che per prime l'avevano indotta a compiere quel viaggio. Insomma, era stanca.

Nel tempo che abbiamo trascorso insieme siamo riusciti a fare colazione e una passeggiata, attività normali per due adulti, due bimbetti e un'adolescente. Su di noi cadeva una pioggerellina autunnale. Roscoe protestava perché lo portavamo in giro nel passeggino rosso anziché lasciarlo andare in triciclo. A parte quello, era una giornata come un'altra. Greta e il suo papà sembravano semplicemente due amici in visita per il fine settimana.

Mentre camminavamo, Greta parafrasava i punti salienti dei suoi ultimi discorsi: siamo ancora nella fase di negazione, mi ha detto, cerchiamo di convincerci che stiamo facendo abbastanza, che il problema non è poi così grave, o che non c'è bisogno che agiamo come se fosse un'emergenza. Ho sentito persone sostenere le stesse cose, ma ascoltarle direttamente da lei, nel quartiere dove vivo, con mio figlio minore sul passeggino e il maggiore in braccio, in un momento in cui tutto ciò che amo sembrava così delicato ed effimero da poter scomparire in un attimo, mi ha colpito in pieno petto.

Poche settimane dopo aver avviato il suo sciopero della scuola per il clima con un sit-in davanti al parlamento svedese a Stoccolma nell'agosto 2018, l'allora quindicenne Greta Thunberg ha tenuto un discorso davanti ai leader mondiali in occasione di un summit sul clima organizzato in Polonia dalle Nazioni Unite. Ha parlato con la chiarezza morale di un'intera generazione condannata a un futuro disperato:

> La nostra civiltà viene sacrificata per dare a una piccola cerchia di persone la possibilità di continuare ad accumulare un'enorme quantità di profitti.
> La nostra biosfera viene sacrificata per far sì che in paesi come il mio i ricchi possano vivere nel lusso. È la sofferenza di molti a pagare i lussi di pochi.
> Nel 2078 festeggerò il mio settantacinquesimo compleanno. Se avrò dei figli, probabilmente passeranno quel giorno con me e forse mi faranno domande su di voi. Forse mi chiederanno come mai non avete fatto niente quando c'era ancora tempo per agire.
> Dite di amare i vostri figli sopra ogni cosa ma gli state rubando il futuro proprio sotto i loro occhi.
> Finché non vi concentrerete su cosa deve essere fatto anziché su cosa sia politicamente possibile, non c'è speranza. Non possiamo risolvere una crisi se non la trattiamo come tale.

> Dobbiamo lasciare i combustibili fossili sottoterra e concentrarci sull'equità. E se è impossibile trovare soluzioni all'interno di questo sistema, forse dovremmo cambiarlo.
> Non siamo venuti qui a pregare i leader mondiali di occuparsene. Ci avete ignorato in passato e continuerete a farlo. Ma le scuse sono finite e sta finendo anche il tempo. Siamo qui per farvi sapere che il cambiamento sta arrivando, che vi piaccia o meno. Il vero potere appartiene alla gente.[53]

Con queste parole, Greta Thunberg ha dato il via a una rivoluzione globale.

Da quel discorso, decine di milioni di persone di tutte le età in centottantatré nazioni di ogni parte del mondo hanno aderito ai suoi scioperi per il clima, rincuorate dalla sua visione chiara di un pianeta in cui sia possibile non soltanto sopravvivere, ma prosperare. La gente vuole qualcosa in cui sperare. Vuole che le si chieda di fare qualcosa di grande. Vuole l'opportunità di essere coraggiosa, l'opportunità di forgiare il proprio futuro. È ciò che il momento attuale ci offre.

Ovviamente, questo significativo momento nella storia non si è verificato da solo. Da secoli, milioni di persone, capeggiate per lo più da donne di colore, ne hanno gettato le fondamenta. "Non dico niente di nuovo" ha scritto Greta in un post su Facebook a qualche mese dell'inizio del suo sciopero, ispirato dalle proteste giovanili negli Stati Uniti contro i cambiamenti climatici e le armi da fuoco. "Dico semplicemente quello che gli scienziati ripetono da decenni."[54] Ogni anno, dietro le quinte dei negoziati ufficiali delle Nazioni Unite sul clima, le voci dei bambini del Sud del mondo, dove continua la devastazione delle foreste ed eventi meteorologici estremi minacciano la normale esistenza, sono soffocate. Oggi, a mio avviso, il messaggio di Greta si fa strada e risuona perché anche i paesi ricchi cominciano a risentire dell'emergenza ambientale che hanno inflitto per secoli a quelli poveri.

Sappiamo che le generazioni più giovani dovrebbero poter essere fiduciose di ereditare un mondo in cui sia possibile sopravvivere. Poiché c'è in palio il futuro, Greta ha potuto amplificare il tipo di linguaggio in uso da decenni nella comunità che si batte per la giustizia ambientale e contro la produzione e l'uso dei combustibili fossili che, con l'estrazione del carbone dalla cima dei monti mediante esplosivi, con l'aumento dei casi di tumore o con l'avvelenamento delle acque freatiche, hanno annientato luoghi come le foreste e i fiumi dei monti Appalachi e dell'Amazzonia, i terminal per l'esportazione del carbone in Australia e i dintorni di Flint, nel Michigan. Il messaggio di Greta è chiaro oggi come lo è sempre stato: il nostro futuro non è in discussione. Meritiamo tutti di sopravvivere e prosperare.

L'ascesa di Greta a leader di fatto del movimento giovanile globale è la prova che le cose adesso sono diverse. È da tanto che sappiamo dei cambiamenti climatici e conosciamo le soluzioni: eliminare gradualmente i combustibili fossili, trasformare l'agricoltura, rivedere il nostro modo di vivere, e agire presto. Le soluzioni sono sempre le stesse, ma la novità importante di questo momento è che finalmente siamo pronti ad ascoltare.

Durante la nostra passeggiata sotto la pioggia, ho domandato a Greta come pensava che sarebbe stato il sistema una volta che avessimo cambiato tutto.

«Non lo so» ha risposto, «non è ancora stato inventato.»

Ci vuole coraggio a cercare di cambiare il mondo. E ci vuole ancora più coraggio ad ammettere che per adesso non sappiamo come lo cambieremo. L'atteggiamento che Greta proietta nel suo operato pubblico e, in privato, con me e la mia famiglia – il coraggio di sapere e di non sapere al tempo stesso – è la base del lavoro che ci attende e una ricetta per eseguirlo: l'apertura a un mondo che va al di là della nostra capacità di fare previsioni.

Greta è una persona normale; non si atteggia a celebrità. Ciò che la rende speciale è che ha letto di climatologia, ha capito quello che ha letto e vive la sua vita di conseguenza. La scienza, di per sé, è già abbastanza rivoluzionaria. Ciò che Greta sta facendo la mette a dura prova. La settimana in cui mi è venuta a trovare, per poco non vinceva il Nobel per la pace: è difficile immaginare il tipo di pressione che il mondo esercita su di lei. La sua è l'espressione unica di una persona unica in un momento unico della storia, eppure non fa che ripetere che questo movimento per la giustizia climatica non riguarda lei, bensì tutti. I ragazzini che scioperano non cercano di ispirarti e nemmeno di far colpo su di te. Non dovrebbero neppure fare niente. Dovrebbero essere gli adulti, le istituzioni politiche e finanziarie, ad agire per loro conto. Le azioni di Greta non creano divisione; hanno perfettamente senso. Sono gli adulti che, negando la verità di ciò che il momento richiede, agiscono in un modo che crea divisione.

Come mai nessuno prima di lei, Greta ha galvanizzato l'attenzione del mondo sul problema più importante della storia umana. Per questo è considerata tanto il personaggio buono quanto quello cattivo, a seconda della nostra disponibilità ad accettare la nuda verità di ciò che afferma. In tempi più normali, i leader mondiali avrebbero ascoltato il consiglio degli scienziati già decenni orsono, quando ammonirono per la prima volta che ciò con cui alimentavamo la nostra economia globale ci avrebbe portato ben presto all'estinzione di massa. In tempi più normali, una generazione di giovani non avrebbe sofferto di "disturbo da stress pre-traumatico" domandandosi se avrà un futuro. In tempi più normali, Greta non avrebbe mai messo piede nel mio soggiorno o giocato con i miei bambini.

Dopo che lei e suo padre sono partiti, ho capito che la sua bella umanità è ciò che la rende così pericolosa per lo status quo. Scorgo quella stessa qualità in molte persone che fanno parte della mia vita professionale e personale. Talvolta la scorgo in me stesso. Ma se condividiamo tutti l'umanità rivoluzionaria di Greta, che scuse abbiamo per non seguirla?

Nel 2018, il giorno in cui è stato pubblicato il rapporto speciale dell'IPCC, mi sono ripromesso di avere coraggio: il coraggio di dire la verità in merito al problema più grande che la nostra civiltà si è mai trovata ad affrontare, e di aiutare gli altri a fare altrettanto. Non c'è più tempo per avere ritegno o per chiedere il permesso. I rudimenti di climatologia sono semplici. Sappiamo che il clima dipende totalmente dall'uomo, il che significa che anche le soluzioni dipenderanno dall'uomo. E poiché il tempo sta per scadere, a condizionarlo dovremo essere tu e io.

Nel 1988, trent'anni prima del rapporto dell'IPCC, il climatologo della NASA James Hansen fu il primo ad annunciare all'opinione pubblica, nella sua testimonianza al Congresso, l'arrivo dei cambiamenti climatici. All'improvviso, si tratta di un evento di tanto tempo fa. Nei molti anni trascorsi da allora, siamo stati a guardare le sue previsioni avverarsi e non abbiamo fatto praticamente nulla di sensato in merito.

Nel 1992, quasi ogni nazione della Terra sottoscrisse la Convenzione quadro delle Nazioni Unite sui cambiamenti climatici, un impegno iniziale ad affrontare il riscaldamento globale. Lo scopo del trattato era quello di coordinare un'azione internazionale volta a evitare "una pericolosa interferenza antropogenica nel sistema climatico".[55] Gli scienziati hanno trascorso i decenni successivi a esaminare quali punti critici sarebbero stati raggiunti per primi e la misura del riscaldamento generale da considerare "pericolosa": il punto, a giudizio di tutti, dopo il quale gli esseri umani avrebbero cominciato a perdere la capacità di controllare il proprio impatto, provocando cambiamenti permanenti e potenzialmente catastrofici al nostro sistema di supporto vitale. Le conclusioni dell'IPCC e dell'IPBES dimostrano che ci troviamo ormai al centro di un'epoca di "pericolosa interferenza antropogenica nel sistema climatico" e non facciamo che peggiorarla.

Una delle realtà più scioccanti della nostra emergenza climatica è che, dall'alba della rivoluzione industriale, la metà dell'anidride carbonica emessa dall'uomo è stata prodotta a partire dal 1992. Le emissioni di CO_2 sul nostro pianeta nel 2019 sono state le più alte nella storia umana. E non è accaduto per caso. Abbiamo continuato a riscaldare la Terra pienamente consapevoli delle conclusioni a cui era arrivata la scienza. Sapevamo che i cambiamenti sarebbero durati millenni, subiti da coloro che meno ne erano responsabili, allo scopo di rendere ancora più ricche le persone più ricche che mai siano esistite. I cambiamenti climatici sono stati una scelta e i nostri leader hanno scelto a più riprese di fare la cosa sbagliata, tradendoci tutti, un decennio dopo l'altro.

C'è una cosa che è particolarmente importante ricordare: non esiste un "noi" che provoca i cambiamenti climatici, anche se spesso uso per sbaglio quel pronome.[56] Ci sono determinati uomini bianchi ricchi che hanno arrecato il grosso del danno per pura avidità. Questo fatto basilare è uno dei più grandi scandali dell'intera storia umana. Non avevano nessun diritto di farlo. Che l'abbiano fatto dovrebbe riempirti di rabbia.[57] Come ha detto il cantante folk Utah Phillips, «la Terra non sta morendo, la stanno uccidendo, e quelli che la stanno uccidendo hanno nomi e cognomi». Questa emergenza è personale.

Negli ultimi trent'anni i cambiamenti climatici sono stati spesso considerati una conseguenza deplorevole ma inevitabile della civiltà, e non un sottoprodotto di un sistema economico fondamentalmente difettoso. Ormai, però, è diventato impossibile ignorare la natura intersezionale della nostra emergenza climatica. Gli ambientalisti si sono concentrati troppo su piccoli aggiustamenti che mantengono lo status quo – come il riciclaggio dei rifiuti, le lampadine a basso consumo e le automobili elettriche – e contribuiscono soltanto ad accentrare ancor di più il potere nelle mani di persone che si sono avvantaggiate di un sistema iniquo e punitivo. Finora il dibattito si è concentrato sull'adattamento, non sulla trasformazione; un'ammissione appena velata che uno stile di vita ad alto impatto ambientale non è in discussione: se non vi piacciono le conseguenze dei cambiamenti climatici, ci dicono quelli al potere, dovreste escogitare un modo per superarle. In realtà, i cambiamenti climatici sono un sintomo di una visione del mondo distorta e imperialista: lo sfruttamento ininterrotto della Terra è giustificabile perché gli esseri umani esistono separati dall'ambiente e possono rivendicare il dominio su di esso. Una simile prospettiva, propugnata tanto dai cristiani quanto dai capitani d'industria, promuove e preserva la tendenza a fare come se niente fosse e ci ha portato sull'orlo del collasso ecologico. Anche se ormai negli Stati Uniti e in Europa la maggioranza ammette che il clima sta mutando, i più rifiutano la necessità di un'azione radicale. Una volta che, però, questo atteggiamento mentale cambierà, una volta che un mondo diverso comincerà ad apparirci non soltanto possibile ma inevitabile, tutti i milioni di cambiamenti incrementali necessari per una società a impatto zero seguiranno in un lampo.

I prossimi trent'anni assomiglieranno a una corsa per recuperare lo sfasamento tra il modo in cui le cose sembrano andare e il modo in cui vanno veramente: un mix di notizie terrificanti sul collasso di remote calotte glaciali, la strana inquietudine nel veder spuntare le giunchiglie a gennaio, la grottesca normalità di conoscere i posti migliori dove acquistare mascherine N95 per proteggere i polmoni dei tuoi bambini dal fumo degli incendi, il panico di non sapere se valga davvero la pena di risparmiare per la pensione e di non poterlo fare anche volendo, la rabbia quando l'ennesima elezione che consideri l'ultima chance va per il verso sbagliato.

In un saggio del 2018 per On Being, la climatologa della NASA Kate Marvel scriveva che questo momento richiede coraggio, non speranza.[58] A differenza della speranza che, come Marvel giustamente diceva, ha lo scopo di fornire conforto in un tempo di grande disagio, il coraggio esige che affrontiamo il mondo così com'è: incerto, caotico, eppure gravido di possibilità. "Il mondo che conoscevamo una volta non tornerà mai più" scriveva Marvel. "Il coraggio è la determinazione a far bene senza la garanzia di un lieto fine."

Sta diventando sempre più ovvio che i vecchi modi di pensare non hanno funzionato. Niente di ciò che facciamo sta funzionando. L'ambientalismo, così come lo conosciamo, ha fallito. Dopo aver negoziato e fissato obiettivi per decenni, il mondo sta ancora emettendo anidride carbonica a tassi da record. Questo, per me, è un atto di accusa contro un'intera generazione. Non dovremmo più limitarci a cercare altre maniere per riciclare; abbiamo bisogno di una strategia d'emergenza.

La mia generazione, i millennial, non ha mai conosciuto un tempo in cui i cambiamenti climatici non rappresentassero una grave minaccia. Nel 1988, quando l'anidride carbonica nell'atmosfera superò per la prima volta le 350 parti per milione, guardavo ancora *Sesamo apriti* e davo la caccia ai vermi nel giardino della fattoria dei miei genitori vicino Topeka. Per anni gli ambientalisti ci hanno detto che si potevano fare progressi ritoccando lo status quo, che il riscaldamento si ferma comprando le automobili, gli abiti e gli umidificatori giusti, evitando i prodotti che inquinano e correggendo il modo in cui si realizzano i beni di consumo. Ma le emissioni globali continuano ad aumentare.

Se hai la sensazione che i climatologi non facciano che riscontrare come i cambiamenti che infliggiamo al mondo naturale superino le nostre stime peggiori, hai ragione. Per molti versi, il pianeta sta cambiando così in fretta che semplicemente non abbiamo più il tempo di studiare il problema. La scienza non è fatta per rispondere con una tale rapidità al cambiamento. I nostri rapporti scientifici sono obsoleti ancora prima che li pubblichiamo. Reazioni politiche moderate a un problema planetario come questo equivalgono a una condanna a morte per la civiltà intera.

Un mondo vivibile ottenuto mediante cambiamenti lenti era possibile, forse, negli anni Ottanta del secolo scorso, ma ormai è una chimera.

È ora di ripensare tutto quanto.

Il nostro è un periodo di calamità innaturali. Non c'è possibilità di separare la nostra esperienza dei fenomeni meteorologici dalle decisioni che prendiamo come individui e come società collettiva. Il genere umano è diventato una forza planetaria, nel bene e nel male.

In Portorico, dopo Maria, la gente ha capito ben presto di essere abbandonata a se stessa. Perciò si sono formate comunità di mutuo soccorso. I vicini si sono uniti per intraprendere lavori pubblici. E a poco a poco nell'isola si sono levati appelli per un nuovo rapporto tra la gente e il suo governo. Nel caos generale, le comunità hanno costruito, spontaneamente ed efficacemente, una nuova visione di come collaborare per creare un cambiamento positivo e duraturo. Le organizzazioni di gente comune che hanno contribuito alla ripresa dal basso di Portorico risalgono a decenni addietro. Dopo Maria, l'isola si è trasformata a partire dall'occupazione e dalla protezione delle paludi di mangrovie, che attutiscono la forza degli uragani, per arrivare all'installazione di microreti solari controllate localmente, che ora formano la colonna portante di decine di comunità sull'intero territorio. Uno spirito di mutuo soccorso sta fiorendo in Portorico, che sta diventando un modello anche per alcune località degli Stati Uniti continentali.

«C'è stata una maggiore franchezza nel riconoscere certi rapporti come coloniali ed estrattivi» mi ha detto Marisol LeBrón, assistente al MALS (il Dipartimento di studi sui messicani statunitensi e i latinoamericani) dell'Università del Texas a Austin, il cui lavoro è incentrato sulla diaspora da Portorico. «E più sono le critiche al colonialismo, più aumentano gli appelli alla decolonizzazione.»[59]

Invece di pensare a queste comunità coraggiose come a delle anomalie – che sopravvivono contro tutte le previsioni benché abbandonate dai loro governi e dal sistema economico prevalente – dovremmo considerarle i semi dagli splendidi fiori di una nuova fase dell'umanità. Sminuirne il potenziale cancella ciò che potrebbero diventare tra cinque, dieci o trent'anni. Il cambiamento trasformazionale può verificarsi in fretta.

E il primo passo per creare il cambiamento di cui abbiamo bisogno è immaginare che sia possibile.

Qual è il modo migliore di produrre una trasformazione strutturale e sociale su larga scala nel mondo, al di fuori dei confini della tua comunità locale? È apportando modifiche radicali nella tua vita e fungendo da esempio? È mettendo insieme un ampio gruppo di persone motivate che la pensano allo stesso modo per trasformare comunità e città? È sostenendo quanti lavorano senza sosta per rivedere radicalmente l'intero sistema?

Secondo l'IPCC sono tutte queste cose insieme e contemporaneamente.

«Le decisioni che prendiamo adesso sul grado e mezzo, due o più cambieranno enormemente il mondo» ha detto alla BBC Helèen de Coninck, climatologa olandese e una delle principali autrici del rapporto speciale dell'IPCC. «La vita della gente non sarà mai più la stessa comunque, ma possiamo influire sul futuro che ci ritroveremo.»[60]

Se i governi della Terra prendessero sul serio i risultati di questi scienziati, sarebbe una rivoluzione: una ristrutturazione radicale della società umana sul nostro pianeta.

«Parliamo del tipo di crisi che ci costringe a ripensare tutto ciò che sapevamo finora per costruire un futuro sicuro» ha detto Kaisa Kosonen di Greenpeace International all'Agence France Press in risposta a una bozza del rapporto. «Dobbiamo tentare di rendere possibile l'impossibile.»[61]

Niente di questo mondo è immutabile. Possiamo pretendere qualcosa di meglio. La nostra immaginazione è lo strumento più potente di cui disponiamo per combattere i cambiamenti climatici. Ovviamente non possiamo avere la certezza di come sarà di preciso il futuro, sappiamo però che accadrà... e saremo noi ad averlo creato.

Di fronte a un problema così enorme e sconfortante giova partire dalle piccole cose e adattarsi a quello che accadrà nei prossimi decenni. Per degli scienziati, che sono stati in stretto contatto con i dati per gran parte della loro vita adulta, probabilmente è più facile visualizzare ciò che i prossimi trent'anni comporteranno: domande difficili da parte dei bambini dell'asilo quando cerchiamo di spiegare perché le barriere coralline stanno scomparendo; lacrime di gioia nell'osservare le linee che s'intersecano su un grafico a mano a mano che il mondo abbandona il petrolio e abbraccia l'elettricità; la scoperta che è più facile del previsto mettere a repentaglio la propria sicurezza economica e aderire a una manifestazione.

Come viviamo e come agiamo non è privo d'importanza, anzi, al contrario. Il rapido cambiamento del clima dimostra che siamo tutti interconnessi, che ogni azione che compiamo può alleviare la sofferenza non soltanto in modo tangibile, locale e immediato, bensì attraverso la vasta rete della vita e in ogni tempo. La nostra esistenza e le nostre azioni possono anche apparirci temporanee e imperfette, ma accettando il nostro minuscolo posto nel mondo scopriamo una maniera più profonda di essere. E contribuiamo a realizzare un futuro che sarà migliore per tutti in un modo che nemmeno riusciamo a immaginare.

Ecco cosa deve accadere nei prossimi trent'anni affinché sia possibile una significativa riduzione delle emissioni:

Dobbiamo elaborare una visione condivisa e ottimistica del futuro.

Dobbiamo smantellare il sistema attuale.

Dobbiamo iniziare a costruire un mondo nuovo che funzioni per tutti.

Questo arco temporale e questa lista di cose da fare non sono (soltanto) le linee generali di un'utopia ambiziosa e graduale; sono imperativi scientifici, avallati dall'IPCC, volti a preservare la civiltà umana. Per evitare un ulteriore surriscaldamento del pianeta dobbiamo ridurre le emissioni a circa la metà dei livelli attuali prima del 2030. Ciò richiede una totale revisione di quasi ogni aspetto della nostra società. Per dirla con i migliori scienziati del mondo, il prossimo decennio sarà caratterizzato dal cambiamento trasformativo.

Perché una trasformazione sistemica sia possibile dobbiamo chiederci:

Qual è la mia visione di un mondo migliore?

Quali misure si devono intraprendere perché diventi realtà?

A partire da oggi, qual è il mio posto in quella visione?

La buona notizia è che la tanto necessaria fase di immaginazione urgente e creativa è già iniziata.

Entro il 2050, il mondo avrà attraversato un periodo di rapida decarbonizzazione e rinascita: un imponente mutamento della società mirato a preservare la vita così come la conosciamo. L'impellenza della situazione in cui ci troviamo fa sì che le idee per trasformare il mondo in vista di un futuro migliore ci siano già; semplicemente non vengono ascoltate. Se finora la lotta contro i cambiamenti climatici è fallita, è soltanto perché abbiamo dato retta alle persone sbagliate.

Se negli ultimi trent'anni gli uomini (quasi esclusivamente etero, privilegiati e bianchi) a capo delle compagnie e dei governi responsabili dell'emergenza climatica ti hanno escluso dal dialogo, potresti essere talmente infuriato con il sistema da sentirti paralizzato. Va bene così. C'è ancora tempo perché la tua voce faccia la differenza. Se invece hai partecipato alla discussione, potresti avere il terrore di un cambiamento radicale e provare rimpianto o un senso di colpa inopportuno per aver avuto un ruolo, anche piccolo, nel lasciare che le cose arrivassero a un punto simile. Va bene anche così. È ora di passare la parola a qualcun altro. Un cambiamento sistemico esige coraggio a ogni livello e in ogni luogo. Che tu ti senta pronto o meno, il mondo ha bisogno di te.

In questo preciso momento, la narrazione dominante riguardo al nostro futuro climatico è incentrata sull'inevitabilità dell'apocalisse. E invece dobbiamo iniziare a parlare dell'inevitabilità di un mondo migliore. Concentrandoci apertamente su visioni ambiziose del futuro accresciamo la probabilità che si avverino. Non possiamo prevedere ciò che emergerà da questo tempo di cambiamenti radicali, ma so per certo come accadrà: attraverso la collaborazione, a mano a mano che coloro che sono stati esclusi in maniera sistematica dal decidere il proprio futuro inizieranno a rivendicare il potere e saranno ascoltati. Queste visioni necessarie e vitali del nostro nuovo mondo diventeranno realtà una volta che avremo abbattuto le barriere che le hanno costrette fino adesso. Possiamo ricorrere, come strategia, alla narrazione di storie: uno strumento politico per cambiare il corso degli eventi. È esattamente ciò che deve succedere per uscire dallo spazio liminale.

«Per come la vedo io, il problema non sono soltanto i cambiamenti climatici» mi ha detto Samantha Earle. «Ci restano comunque un mucchio di altri problemi ambientali. Restano ovunque enormi disuguaglianze, discriminazioni di massa. A essere andate storte non sono soltanto un paio di cosette. Il nostro immaginario è problematico a livello sistemico e io penso che tutte queste cose siano correlate e che non è una coincidenza che siano tutte marce.»[62]

Earle è convinta che la radice del problema sia il concetto di proprietà.

Alla proprietà si accompagna il controllo e al controllo la gerarchia di poteri: chi possiede di più può emarginare e sfruttare chi possiede di meno. Il concetto di proprietà è legato a tutte le nostre lotte sociali: contro la misoginia, il razzismo, il colonialismo e la corruzione della democrazia moderna. E, ovviamente, il concetto di proprietà ha avuto come risultato diretto l'emergenza climatica, che è in realtà una crisi dell'eccesso di consumo da parte di coloro che già controllano il grosso delle risorse mondiali, con conseguenze disastrose per coloro che non possiedono quasi niente. In questo momento le alternative a un pianeta fondato sulla proprietà possono apparire impensabili, ma è quello a cui tutti dobbiamo aspirare se vogliamo sopravvivere a questo secolo.

È facile vedere i cambiamenti climatici come un disastro, io invece penso che il disastro peggiore sia il modo in cui ci trattiamo a vicenda. Soltanto in un mondo ingiusto e iniquo una minaccia all'intera civiltà come quella rappresentata dai cambiamenti climatici può incancrenirsi tanto nell'indifferenza di chi detiene il potere. Il compito di questo tempo è ricreare il nostro mondo con nuove strutture di potere che rendano molto meno possibili problemi sistemici quali i cambiamenti climatici.

In una società in cui la proprietà non occupa più un posto centrale, dovremmo sviluppare rapporti più profondi tra noi esseri umani e con il mondo naturale, enfatizzando valori e azioni come il consenso, l'attenzione, il dialogo e la fiducia.

Non dobbiamo creare quella società partendo da zero, perché si tratterebbe di una versione idealizzata del modo in cui già ci comportiamo con gli amici intimi e i famigliari. Non possediamo i nostri amici e i nostri cari; il nostro è un rapporto di beneficio reciproco. Più in grande, potrebbe essere di enorme utilità per costruire una società globale più ricca, profonda, sensata, duratura e prospera.

Le popolazioni indigene delle Americhe offrono esempi secolari di comunità che operano con successo senza il concetto moderno di proprietà, sopravvivendo addirittura ad alcune delle peggiori atrocità della storia umana.[63] «Guardi che cosa hanno combinato il colonialismo, il capitalismo e l'industrializzazione in combutta fra loro» mi ha detto Kyle Whyte, docente di filosofia ed etica ambientale alla Michigan State. «Hanno minato non soltanto la fiducia delle popolazioni indigene, ma la fiducia reciproca di chiunque altro, l'accordo, la reciprocità e la responsabilità nei confronti gli uni degli altri.»[64]

Whyte è membro della Citizen Potawatomi Nation. Il suo lavoro è incentrato sulla raccolta di esempi di come gli indigeni hanno sperimentato e propugnato rapporti cooperativi quale sfida diretta allo status quo occidentale fondato sulla proprietà. Anziché affidarsi ai sistemi verticistici di regole e leggi decise di solito da persone affamate di potere, controllo e possesso, Whyte sostiene modelli riusciti di autogoverno e autodeterminazione che dipendono da reti di responsabilità.

Quando si tratta del clima – sostiene Whyte – la chiave è alimentare, con il dialogo e "l'affinità", quelle reti di responsabilità come base di una società in grado di sopportare e perfino incoraggiare cambiamenti radicali. «Non credo che arriveremo mai alla sostenibilità senza una società in cui tutte le leggi e tutte le politiche siano profondamente consensuali» mi ha detto. «Un problema ambientale è la stessa identica cosa di un problema di consenso.»[65] La concezione di Whyte del consenso e dell'affinità è semplice e fondata sul diritto internazionale: chiedere il permesso, ascoltarsi gli uni gli altri, costruire pazientemente relazioni autentiche, stimarsi davvero a vicenda come si farebbe nella propria famiglia.[66]

Whyte sa che le realtà del passato e del futuro sono per molti versi identiche. Sa che la sua gente ci è già passata e sa che se non siamo capaci di reimmaginare i nostri rapporti reciproci si scatenerà di nuovo la catastrofe.

«Le popolazioni indigene vivono già nella distopia, almeno secondo i nostri antenati, perché abbiamo assistito all'indebolimento di tutti quei rapporti e siamo già passati, anche solo negli ultimi due secoli, per molteplici forme di cambiamenti climatici provocati dall'uomo ben peggiori delle previsioni spaventose fatte per i prossimi dodici anni. La nostra risposta è che cercheremo di lavorare per rafforzare quei rapporti cruciali, la fiducia, il consenso, la responsabilità e la reciprocità, tra le altre cose» mi ha spiegato. «Ma per come funziona il sistema Terra potremmo non avere abbastanza tempo.»[67]

Tuttavia, la cosa peggiore che possiamo fare in questo momento è lasciarci prendere dal panico, afferma Whyte, contraddicendo i messaggi che ci arrivano da molti ambientalisti e attivisti per il clima. La reazione migliore è la sua: incontrarsi faccia a faccia, discutere delle nostre divergenze e dei sogni condivisi e pianificare un futuro insieme.

«Migliorare il comportamento delle persone e migliorare il clima comporta avere ogni sorta di incontri per instaurare rapporti, discussioni e dialoghi utili: è così che si risolve il problema» mi ha detto. «Gli aspetti legalistici, i cambiamenti di politica e le nuove leggi interessano soltanto il livello più superficiale del cambiamento.»[68]

Lette insieme, la filosofia di Earle e il sostegno all'affinità di Whyte portano alla medesima conclusione: il nostro mondo, così com'è adesso, non può più durare. E ci sono segnali promettenti – nelle proteste giovanili, nelle voci delle persone di colore che cominciano a farsi sentire – che un mondo nuovo stia iniziando a emergere.

«Se finalmente abbiamo persone che contestano questo modello occidentale in cui non si riconoscono, c'è finalmente qualche speranza di influire in modo sensato» mi ha detto Earle. «Se vogliamo qualcosa di diverso, deve essere davvero diverso.»[69]

L'idea di Whyte di una società fondata su reti di responsabilità – a imitazione dell'ecologia del mondo naturale – sembra un modello valido quanto tutti gli altri che ho sentito esporre. La sfida sarà ricordare che, in ogni singolo momento, possiamo scegliere se rimanere nel vecchio immaginario che sta morendo o fare il salto in uno nuovo.

«Quanto ai cambiamenti climatici» mi ha detto Earle, «se non cambiamo, sarà letteralmente la fine di tutti gli immaginari e di tutta la civiltà. Al tempo stesso dobbiamo sapere che dietro le quinte c'è un uomo e quell'uomo siamo tutti noi. Ciascuno di noi può cambiare l'immaginario, ciascuno di noi. Anzi, lo facciamo di continuo o, quanto meno, non lo cambiamo ma lo riproduciamo. In ogni istante abbiamo però l'opportunità di riprodurlo o di metterlo in discussione e ricostruirlo. È un aspetto della questione che mi piace molto, perché ci dà un grande potere.»[70]

Dobbiamo abbandonare il concetto di proprietà e cercare invece il consenso tra di noi e con il mondo che chiamiamo "casa". I cambiamenti climatici non sono il problema, bensì un sintomo del problema.

Per la prima volta nella storia del genere umano viviamo su un pianeta in cui ogni nostra azione ha implicazioni fisiche immediate e permanenti per ogni altro essere vivente con il quale lo condividiamo. Per la prima volta viviamo sulla soglia di un mondo davvero intersezionale e interconnesso. Per la prima volta dobbiamo costruire un mondo che funzioni per tutti.

Il nostro compito in questo decennio e in tutti quelli che seguiranno è realizzare un futuro radicalmente inclusivo, equo e giusto.

La comparsa quasi contemporanea dello sconvolgente rapporto speciale dell'IPCC e di un vivace movimento giovanile che reclama la giustizia climatica ci rende finalmente possibile immaginare come potrebbe essere, in un prossimo futuro, una società globale che funzioni davvero per tutti.

Mentre svolgeva ricerche per il suo libro, *Why Civil Resistance Works*, la scienziata politica di Harvard Erica Chenoweth ha scoperto una verità sorprendente e incoraggiante a proposito della scienza della rivoluzione: in tutto il XX secolo, ogni movimento non-violento finalizzato a creare un cambiamento politico che avesse ottenuto la partecipazione attiva di almeno il 3,5 per cento della popolazione ha avuto successo. Ogni singolo movimento. E parecchi sono riusciti nel loro intento con molte meno persone.

Inoltre, Chenoweth e i suoi colleghi hanno scoperto che i movimenti non-violenti di solito contribuiscono a promuovere la democrazia. È un chiaro segno che ciò che il movimento per il clima sta facendo già funziona, gli serve soltanto il tuo aiuto.

Ovviamente abbiamo comunque bisogno di persone che lavorino alle soluzioni tecniche. Come Greta, mi sono impegnato a smettere di volare e seguo una dieta principalmente vegana. Sto anche trasformando in orto gli spazi davanti e dietro casa mia. Ma sono cose che faccio per motivarmi a intraprendere cambiamenti più ambiziosi.

Esigere un cambiamento di sistema da chi detiene il potere è di gran lunga la cosa più importante che ognuno di noi può fare per aiutare il movimento per il clima; in pratica si tratta di parlare dell'importanza di questo momento con chiunque ci voglia ascoltare. Le soluzioni tecniche sono essenziali, certo, ma saranno incoraggiate e accelerate da una rivolta che pretende di più.

Nel 2017, Katharine Wilkinson ha guidato l'ambizioso Project Drawdown che quantificava in maniera sistematica i modi più efficaci di arrestare e invertire le emissioni di gas serra a livello globale. Il libro che ha scritto in proposito, *Drawdown*, tra i più venduti nella classifica del *New York Times*, rispondeva finalmente alla domanda: quali sono le cose più importanti che possiamo fare per risolvere il problema più grave della storia? In cima alla lista: apprezzare, emancipare e assistere donne e ragazze. Qualcuno potrebbe stupirsi, ma non Wilkinson. Per troppo tempo, ha detto, abbiamo affrontato i cambiamenti climatici con un approccio tecnocratico, aspettandoci che il giusto mix di tasse e norme inducesse la mano invisibile del mercato a preferire l'energia solare al carbone. Il tempo di quell'approccio è finito.

Wilkinson mi ha detto che il vero successo di *Drawdown* è stato «essere riusciti a introdurre un maggiore contenuto emotivo in un discorso che verte in sostanza su cosa significhi essere umani, su chi siamo, su che cosa stiamo facendo e sul perché è importante. Non conosco modi di arrivare a un simile dialogo limitandoci alla scienza e alle soluzioni tecnologiche. Anzi, mi sembra una scusa per sottrarsi alle domande a cui la Terra ci chiede di dare una risposta. Quest'idea che i mezzi e i modelli migliori per risolvere i problemi vengano dal mondo degli affari... è un'assurdità bella e buona. Ci sono così tante realtà che non arrivano nemmeno a essere discusse quando pensiamo a cosa fare e come farlo».[71]

Non ci resta quindi che dar vita a un movimento globale resiliente e incontenibile per esigere che questi programmi si trasformino in realtà.

Con il tempo, la mobilitazione per il clima si trasformerà in un movimento sociale e si alleerà con altri movimenti sociali: è l'unico modo affinché i necessari cambiamenti profondi persistano abbastanza a lungo per poter essere efficaci. I valori che ci condurranno a un futuro sostenibile sono coerenti con i valori condivisi da tutte le culture e con l'essenza di ciò che ci rende umani.

Sono esempi che il movimento per il clima può seguire per immaginare un futuro migliore. Ammettendo che la razza e il genere sono costrutti sociali, possiamo cominciare a immaginare futuri ambiziosi: profezie di un mondo migliore. Se lo dimentichiamo, ci ritroviamo con città che non sono costruite per i disabili, un sistema giudiziario discriminatorio e un'economia globale che sta metodicamente distruggendo gli ecosistemi che la rendono possibile.

È vero che ci siamo avvicinati alla catastrofe climatica molto più di quanto avremmo dovuto, ma è altrettanto vero che il cambiamento si sta finalmente avverando nelle dimensioni necessarie a cambiare tutto.

Negli Stati Uniti, il paese che ha la maggiore responsabilità storica dei cambiamenti climatici, i giovani hanno seguito l'esempio di Greta e, a partire dal 2018, sono scesi in piazza per chiedere un Green New Deal con l'idea che soltanto immaginando un contratto sociale completamente diverso – che comprenda l'occupazione, la sanità e alloggi per tutti – si potrà consentire ai cittadini di liberare la propria creatività e cooperare alla costruzione del mondo di cui abbiamo bisogno. La loro leadership ispira gli elettori: alcuni sondaggi dimostrano che i cambiamenti climatici sono diventati la prima questione nel periodo precedente la campagna per le presidenziali del 2020. Finalmente gli Stati Uniti sono pronti a parlare di un cambiamento radicale.

Poiché a guidare lo sviluppo del Green New Deal ci sono le donne e le persone di colore, forti dell'essere sopravvissute a secoli di minacce esistenziali, ci sono ottime probabilità che un simile cambiamento di linea politica produca un futuro migliore per tutti. Durante un sit-in giovanile nell'ufficio della presidente della Camera Nancy Pelosi, nel suo primo giorno a Washington come neoeletto membro del Congresso Alexandria Ocasio-Cortez ha dichiarato che soltanto una coraggiosa riaffermazione del contratto sociale di base negli Stati Uniti avrebbe potuto scongiurare la catastrofe climatica. Pochi mesi dopo ha approfondito questa visione: "L'attuale economia basata sui combustibili fossili, sullo sfruttamento e sullo spreco rappresenta una minaccia diretta alla nostra sopravvivenza. Esiste un modo migliore, consapevole, giusto e prospero. Non riusciremo a salvare il pianeta se prima non cambiamo noi stessi. Ecco il compito che ci aspetta".[72]

Le sue parole hanno alimentato un movimento giovanile per la promozione di un Green New Deal: una delle idee più audaci del futuro nella storia statunitense.

A mano a mano che questo Green New Deal prende forma, una cosa è certa: la sua visione è l'occasione migliore che abbiamo mai avuto di gettare le fondamenta di una società ecologica che metta la giustizia, il consenso e l'equità al centro di una nuova fase di prosperità della civiltà umana. Attingendo alle richieste formulate da tempo dal movimento per la giustizia ambientale e dal Movement for Black Lives, nonché da valori americani che risalgono alla Costituzione, il Green New Deal è diventato un appello al vero cambiamento.

Parimenti, il Sunrise Movement, l'organizzazione capeggiata dai giovani in prima linea nel caldeggiare un Green New Deal, è coraggiosamente ottimista sulla attuabilità di tale visione. Se hanno ragione, siamo all'alba di una nuova era. Sarà una sveglia culturale e un capovolgimento totale. Fin qui, il movimento ha mantenuto le promesse. In meno di un anno – sotto la guida di un gruppo eterogeneo di giovani donne e uomini e con il sostegno di Ocasio-Cortez – è riuscito a influenzare l'intero dibattito nazionale e a spingere, praticamente da solo, i cambiamenti climatici al centro della politica statunitense.

Varshini Prakash, cofondatrice e direttrice esecutiva del Sunrise Movement, è quasi un'incarnazione dei suoi valori. È intelligente, idealista e conta di vincere. Il suo entusiasmo è contagioso.

«Non proponiamo un Green New Deal soltanto per fare scalpore» mi ha raccontato. «Proponiamo il Green New Deal perché migliaia e migliaia di bravissimi climatologi ci hanno detto che se non realizziamo cambiamenti senza pari in ogni aspetto della nostra economia e della nostra società nei prossimi dodici anni saremo rovinati.»

Non ha peli sulla lingua, impreca un sacco ed esercita un – crescente – potere politico. Forse Prakash non si aspettava un simile successo, ma in un momento politico in cui potrebbe accadere di tutto, lei e il Sunrise Movement sono sulla strada giusta per avere una grande influenza sulla direzione che gli Stati Uniti – e il resto del mondo – imboccheranno nel prossimo decennio.

«Quello che stiamo davvero facendo è prepararci. Ci stiamo preparando per ciò che accadrà anziché fare come se non dovesse accadere né esistesse. Questo è il Green New Deal.»

Prakash è una visionaria in un periodo in cui di visionari ne servono a frotte. La differenza principale è che rende realtà le sue visioni e la gente l'ascolta.

«C'è questa spinta verso una società che si prenda davvero cura delle persone e un'economia che funzioni davvero per tutti, senza lasciare indietro nessuno, senza trattare alcuni come sacrificabili e altri come superimportanti. Che c'è di tanto audace o terribile nel chiedere qualcosa che permetta a chiunque su questo pianeta di esistere e prosperare?»[73]

In una piacevole sera primaverile nel campus del Macalester College a Saint Paul, partecipavo a un'assemblea cittadina convocata dal Sunrise Movement, proprio mentre la campagna presidenziale del 2020 cominciava a riscaldarsi. A circa un chilometro di distanza, il Mississippi stava raggiungendo uno dei massimi livelli mai registrati in Minnesota: una piena primaverile senza precedenti che si stendeva per oltre una decina di stati in tutto il Midwest.

Gran parte dei presenti erano adulti del posto, eppure per la prima ora a parlare sono stati gli studenti. Era, a mio avviso, un trasferimento intergenerazionale di sapere ed esperienza.

Uno dei primi oratori è stato Dakota McKnight, una matricola che ha raccontato della sua ansia e della persistente sensazione d'impotenza di fronte alla notizia che «la civiltà potrebbe sgretolarsi già nel corso della nostra vita».[74]

A quelle parole mi sono guardato intorno e ho visto diverse teste di tutte le età annuire.

«Non è troppo tardi, però. La vostra vita non è priva di valore» ha proseguito. Dopo aver partecipato, l'autunno precedente, al sit-in nell'ufficio di Nancy Pelosi, «per la prima volta da tanto tempo ho intravisto una speranza. Quella speranza mi ha permesso di placare l'ansia».

Il Green New Deal stesso è un messaggio per il futuro. In una delle slide della loro presentazione PowerPoint, gli organizzatori dell'evento promettevano che la loro generazione sarebbe stata quella che avrebbe costruito una nuova fase dell'umanità: «Distruggeremo per amore, e creeremo per rabbia. Possiamo realizzare l'inimmaginabile».[75]

Una delle ultime a parlare è stata Christie Manning, psicologa ambientale al Macalester, che ha spiegato agli studenti come le sue ricerche dimostrano che in un mondo in cui la stragrande maggioranza dei nostri rappresentanti eletti e di altri membri dell'élite sociale magari concordano in privato con il movimento per il clima, ma in pubblico si oppongono all'azione, movimenti sociali come il Sunrise sono fondamentali per creare cambiamenti rapidi. Il modo più efficace di superare tale dissonanza, ha detto, è raccontare storie, perché la narrazione personalizza il problema e lo fa apparire più immediato, il che modifica la chimica del nostro cervello e può suscitare empatia. «La vostra storia può cambiare il dibattito» ha detto Manning. «È scomodo, ma è quello che ci viene richiesto. Parlate, e parlate in pubblico con i vostri amici e con chi detiene il potere.»[76]

Lasciando l'evento, ero più convinto che mai del potere della narrazione e che condividere storie potesse essere una strategia efficace, semplice e radicale al tempo stesso.

Prakash mi ha detto che a rendere così importante il Sunrise è in parte il fatto che dà la priorità alla richiesta, da parte dalle persone di colore e da quanti sono in prima linea nei cambiamenti climatici, ad aspirare a risultati più ambiziosi. «Ci sono persone che invocano una *carbon tax* che non ci porterà a ridurre le emissioni del 40 per cento entro il 2040. Va bene, ma pensiamo a chi lasciamo indietro quando chiediamo cose del genere. Le comunità di colore non si possono permettere il lusso di simili pretese. Non è realistico, in questo momento, perché quelle comunità affogherebbero. Ecco perché "One Point Five To Stay Alive" ("1,5 per sopravvivere") è stato uno slogan di successo in tante conferenze delle Nazioni Unite sul clima. Sembra un obiettivo terra terra, ma in realtà credo che ci sia qualcosa di davvero radicale nel dire che la nostra economia, il nostro governo dovrebbero essere al servizio di tutti. E se quello è un principio base che riteniamo valido, allora porta con sé un cambiamento totale del modo in cui prendiamo le decisioni politiche, del genere di ricerche che conduciamo e del tipo di economisti ai quali diamo retta. E penso che questo sia davvero fondamentale.»[77]

Anche le soluzioni sono guidate da persone di colore, e questo le rende rivoluzionarie.

«A volte la gente parla di queste idee come se fossero nuove di zecca, eppure circolano già da un pezzo. Le comunità indigene hanno agito così e trattato la Terra in questa maniera per tanto tempo, prima che la colonizzazione distruggesse gran parte del loro modo di vivere. Economie cooperative basate sul mutuo soccorso nacquero nel periodo delle lotte per i diritti civili degli afroamericani, tra il 1950 e il 1963, soprattutto in risposta alla mancanza di risorse e di sostegno che interessò i neri dopo la Ricostruzione. Tanto di questo è alla base dei motivi per i quali chiediamo ciò che chiediamo.»

L'appello del Green New Deal per un cambiamento storico e trasformativo – da attuare con urgenza – potrebbe vedere gli Stati Uniti avviare una nuova era di politiche climatiche responsabili, "una nuova mobilitazione nazionale, sociale, industriale ed economica di dimensioni mai viste dai tempi della Seconda guerra mondiale", per dirla con le parole della risoluzione presentata al Congresso.[78]

Il suo piano decennale fornirebbe "il 100 per cento del fabbisogno energetico degli Stati Uniti mediante fonti pulite, rinnovabili e a emissioni zero" e una "transizione equa per tutte le comunità e tutti i lavoratori". Probabilmente siamo al limite della fattibilità tecnica, anche con la protezione delle emissioni nette pari a zero che consentirebbe di giungere per gradi alla completa eliminazione dei combustibili fossili.

In parole povere, si tratta di un manifesto di ristrutturazione della società affinché possa prosperare nell'era dei cambiamenti climatici. Il Green New Deal affronterebbe in maniera diretta le "ingiustizie sistemiche" nelle comunità vulnerabili e in prima linea mediante l'occupazione garantita al minimo salariale, l'istruzione pubblica, l'assistenza sanitaria universale, alloggi per tutti e la "riparazione dell'oppressione storica", il tutto promuovendo al tempo stesso la rinascita dei princìpi democratici di tipo partecipativo.

«Penso che questo sia un momento molto speciale» ha dichiarato Ocasio-Cortez il giorno in cui è stato presentato il Green New Deal. «Abbiamo la responsabilità di... mostrare l'altra faccia dell'America.»[79]

Pagare tutto questo richiederà spese per migliaia di miliardi di dollari – che si potrebbero ottenere semplicemente facendo pagare ai ricchi le tasse che già devono – ma al contempo si potrebbe procedere a una ristrutturazione dell'economia statunitense che ridurrebbe nettamente le disuguaglianze. I sondaggi riguardanti le prime versioni del programma hanno indicato un'enorme adesione da parte dell'opinione pubblica, perfino tra i repubblicani. Ci sono buone probabilità che questo sia il modello politico che potrà darci il futuro di cui abbiamo bisogno. Nel contesto dell'emergenza planetaria in atto e della lunga lotta degli Stati Uniti per affrontare produttivamente i cambiamenti climatici, è impossibile non considerarlo un investimento per il futuro del nostro paese, un investimento per la stabilità del pianeta e per la sopravvivenza della civiltà umana.

Adesso sta a noi. Dobbiamo fare tutto il necessario perché questa è la nostra ultima, migliore occasione per ottenere il mondo di cui abbiamo bisogno.

Che direzione può prendere la nostra storia?

All'alba di un nuovo decennio, ci troviamo ad avere l'opportunità, terrificante e fugace, di dare una forma nuova al nostro mondo. Sta rapidamente crescendo un movimento di persone che prende molto sul serio le più recenti ricerche scientifiche e sta organizzando una visione rivoluzionaria dal punto di vista strategico. Dallo studio condotto da Chenoweth emerge che ottenere un cambiamento radicale è più facile di quanto si pensi: la sua regola del 3,5 per cento, dimostrata in decenni di storia in decine di paesi di tutto il pianeta, dice che un movimento non violento di massa avrà successo negli Stati Uniti con la partecipazione attiva di appena undici milioni di persone. I semi di questa rivoluzione sono già stati gettati. Nel settembre 2019, nel giorno della più grande manifestazione per il clima della Storia fino a quel momento, la Nuova Zelanda è diventata la prima nazione a raggiungere il traguardo del 3,5 per cento.[80] Qualche settimana dopo, il suo Primo ministro ha trasformato in legge uno dei programmi climatici nazionali più ambiziosi al mondo.[81]

Una cultura del cambiamento radicale non è la migliore delle ipotesi, ma è ciò che si deve assolutamente realizzare se vogliamo conservare un pianeta abitabile. In qualche modo, tutto quello che conosciamo deve cambiare, e a un ritmo che la maggior parte di noi non riesce nemmeno a immaginare. Con una simile posta in gioco, arrendersi è inaccettabile, perciò faremmo meglio a collaborare per immaginare un mondo equo e invitante che non vedremo l'ora di tradurre in realtà. Questo è l'intento del mio libro: delineare per sommi capi come potrebbe essere quel cambiamento, decennio dopo decennio, finché non avremo costruito un mondo davvero florido.

Il libro si divide in tre capitoli: gli anni Venti, Trenta e Quaranta di questo secolo. In ciascuno faccio una breve incursione nel futuro e racconto come sarà far parte di un cambiamento radicale delle dimensioni che gli scienziati reputano necessarie per conservare un clima stabile. Queste congetture si fondano sulla mia analisi di un'infinità di studi scientifici e su decine di interviste con persone sul fronte del cambiamento in tutto il mondo. Ho cercato di prevedere come i limiti fisici di acque, suolo e atmosfera potrebbero lavorare sia con noi sia contro di noi. E, cosa più importante, ho tentato di dimostrare come il lavoro che dobbiamo svolgere non possa limitarsi alla scienza. Dobbiamo reimparare a prenderci cura gli uni degli altri.

Questo libro è un esempio di come potrebbe diventare il pianeta se vinciamo la sfida.

Nel 2020 sta aumentando la consapevolezza che non ci resta altra scelta che pretendere un mondo migliore.

L'umanità vede ormai l'estinzione da vicino e deve decidere, invece, di prosperare.

La strategia è semplice. Se il movimento si allarga alle persone che sono state sistematicamente escluse, un'azione climatica radicale sarà sempre più inevitabile. Questo però non significa che i venti contrari si placheranno. Assistiamo a una pericolosa escalation della retorica. Potrebbe accadere di tutto. In mezzo a questa incertezza politica, economica e ambientale si è scatenata la corsa al potere e al controllo. Nazionalismo, populismo e suprematismo bianco in ascesa hanno già provocato una reazione distopica, chiamata da alcuni "ecofascismo", che ha comportato, tra l'altro, la chiusura delle frontiere, un aumento delle disuguaglianze e, di conseguenza, un crescente senso di disperazione. I centristi e i loro alleati sono diventati di fatto rappresentanti dello status quo. In fondo, a cacciarci in questo guaio è stato innanzitutto l'establishment della crescita a ogni costo, alleato con la finanza e l'industria.

L'unica risposta morale ed eticamente corretta a una situazione del genere è plasmare un sistema nuovo.

Chi combatte per la giustizia climatica ha, ovviamente, la scienza dalla sua parte. Il rapporto speciale dell'IPCC del 2018 immaginava, per gli anni Venti, percorsi praticabili che potrebbero senz'altro essere un manifesto di utopia sociale. Che sia per un impulso combinato a prendere atto degli obblighi che abbiamo gli uni verso gli altri o per l'allarmante accelerazione degli stessi cambiamenti climatici, gli anni Venti saranno un decennio di mutamenti rapidi e radicali.

La migliore delle ipotesi dell'IPCC per questo secolo

immagina, a partire dagli anni Venti, "una forte partecipazione a livello nazionale, regionale e/o comunale in tutte le principali aree del mondo"[82] che porterà alla rapida eliminazione dei veicoli a combustione interna e a un forte aumento dell'estrazione di bioenergia – per la cattura e lo stoccaggio dell'anidride carbonica – da scarti agricoli, alghe e laminaria. Le pratiche economiche basate sugli ecosistemi, il rimboschimento su larga scala e un diverso modo di pensare favoriscono diete a base vegetale e città in cui si vive a contatto con la natura.

Il rapporto dell'IPCC delinea anche l'ipotesi peggiore: negli anni Venti del Duemila non succederà granché. Se le nazioni del mondo non manterranno le promesse, se l'attenzione per i cambiamenti climatici non sarà più di moda, avremo un pianeta che, per la fine del secolo, "sarà irriconoscibile"[83] e di cui l'IPCC immagina particolari sconvolgenti: "Le siccità e la pressione sulle risorse idriche renderanno l'agricoltura economicamente impraticabile in alcune regioni. Scoppieranno gravi conflitti. Quasi tutti gli ecosistemi subiranno impatti irreversibili, il tasso di estinzione delle specie sarà elevato in tutte le regioni, aumenteranno gli incendi boschivi e la biodiversità diminuirà significativamente. Queste perdite inaspriranno la povertà e ridurranno la qualità della vita. Molti gruppi indigeni e rurali non potranno più sopravvivere nelle loro terre d'origine. La banchisa dell'Antartico occidentale si ridurrà a un ritmo accelerato, provocando un ulteriore, rapido innalzamento dei mari. Diversi piccoli stati insulari abbandoneranno ogni speranza di sopravvivere sul proprio territorio e si rivolgeranno a una comunità globale sempre più frammentata per trovare un rifugio... La salute e il benessere generali delle popolazioni si ridurranno sostanzialmente in confronto alle condizioni del 2020 e continueranno a peggiorare nei decenni successivi".[84]

Quale che sia la situazione, gli anni Venti di questo secolo hanno un'importanza enorme per il nostro futuro nei secoli a venire.

A prescindere da ciò che accadrà nei prossimi tre decenni, dobbiamo rispondere a domande fondamentali su come costruire un mondo migliore con piani dettagliati che comprendano una pluralità di voci da ogni nazione. Ci resta una sola possibilità.

Come riorganizzeremo i sistemi alimentari mondiali?

Come rimoderneremo ogni abitazione, ufficio e fabbrica del mondo?

Come ricostruiremo le nostre città per garantire che resistano a fenomeni atmosferici estremi?

Come reinventeremo i trasporti in un mondo in cui si stanno rapidamente abbandonando i combustibili fossili?

Come riformeremo le nostre democrazie per garantire che tutto sia fatto con giustizia ed equità e nel rispetto di tutti, specialmente delle popolazioni storicamente oppresse?

Come trasformeremo la nostra economia globale perché sia rigenerativa anziché estrattiva?

Come faremo passi da gigante in tutto ciò nel più breve tempo possibile, contro l'industria più potente della storia e i suoi alleati ai massimi livelli governativi?

Scrivere questo libro è stato stranamente liberatorio. È diventato più facile prendere decisioni lungimiranti: smettere di volare, spostarmi in bicicletta, abituare i miei figli a mangiare soprattutto vegano, insegnargli a riflettere sulle conseguenze delle loro azioni.

A proposito dei cambiamenti climatici la scienza è brutale e inflessibile. Riportare l'atmosfera terreste a 350 parti per milione di anidride carbonica, un'impresa forse impossibile con le tecnologie attuali, non è l'obiettivo giusto. Lo scopo dell'attivismo climatico non è essere ideologicamente puri, né cancellare i peccati delle generazioni precedenti; è garantire che a quelle future venga consegnato un mondo che non sia prossimo a degenerare rapidamente. L'obiettivo non è l'attivismo, è la sopravvivenza. Senza una revisione davvero radicale del modo in cui ci curiamo gli uni degli altri, un mondo migliore non si realizzerà durante la mia vita. E se non si realizzerà durante la mia vita, è quasi certo che alle generazioni future non sarà concessa un'altra possibilità. Basandomi sulla scienza, il presupposto di tutto il mio lavoro è che il cambiamento radicale sia ormai inevitabile.

Di recente ho scritto lettere d'amore al futuro. Vere lettere, indirizzate a persone che amo, attingendo al mio sfrenato idealismo. Mi sto rendendo conto che, dopo tutto, lo so fare. Vivere nei prossimi decenni sarà come innamorarsi: mettere da parte ciò che pensavi di sapere e avere fiducia di finire in un posto radicalmente diverso, dove non saresti mai potuto arrivare da solo.

Abbiamo raggiunto un momento unico e fragile della storia dell'uomo: il nostro futuro dipende dalle azioni altrui e, al tempo stesso, è definito dalle nostre scelte personali. Questa realtà esige che interagiamo gli uni con gli altri, che ci uniamo, per la nostra sopravvivenza personale e per la sopravvivenza della vita così come la conosciamo sul nostro pianeta.

Come sarebbe un mondo simile, il mondo in cui ci riappropriamo del nostro futuro?

Questo libro è il mio sforzo di fornire una visione radicale della Terra che sarà. È la mia lettera d'amore al mondo. Ed è il mio invito, a te, a scrivere le tue rivoluzionarie lettere d'amore. Come ogni rivoluzione, spero che questo confronto duri molto, molto a lungo.

PARTE II

2020-2030: un successo catastrofico

Ho girato un video con il cellulare perché pensavo che fosse arrivata la fine per tutti noi. Ho girato il video e ho messo il telefono in un sacchetto impermeabile insieme alla mia carta d'identità e al portafogli. Ho pensato: galleggerà e qualcuno lo troverà. *Per dare un'idea di com'era durante il ciclone. Non sono stato lì a pensarci tanto, solo che se lo fotografavamo, più gente avrebbe potuto vedere tutto questo. Non sono stato troppo a pensare a come l'avrebbero visto, soltanto che volevo dare alla gente un'idea di quello che stava capitando in quel momento. Avevo paura che potesse succedere di tutto.*

John "Junior" Rulmal ricorda quando, nel 2015, il tifone Maysak colpì la sua isola natale di Ulithi, che è parte degli Stati Federati di Micronesia[85]

I primi abitanti umani delle Marshall erano esploratori che migravano tra isole remote grazie a una profonda conoscenza dei venti e delle condizioni meteorologiche del Pacifico. Erano tra i marinai migliori mai esistiti, che avevano un rapporto straordinario con il vento e l'oceano. Quella profonda conoscenza del mondo circostante permetteva loro di prosperare nonostante difficoltà di ogni sorta. Adesso, più di un millennio dopo, le condizioni meteo sono diventate un nemico dei loro discendenti.

Radicati da migliaia di anni su queste lingue di corallo, che in alcuni punti sono poco più larghe di un metro, rifiutano di farsi mettere da parte, di essere dimenticati dalla storia. La loro esperienza solleva domande un tempo inimmaginabili: che cosa potrebbe costringerti a lasciare il posto che chiami casa? E che cosa significa quando perdi il luogo in cui vissero i tuoi antenati, il luogo che, letteralmente, ti definisce? Che cosa significa sapere che la tua terra natia sarà spazzata via? Che cosa significa decidere di rimanere e battersi comunque?

A metà strada tra le Hawaii e l'Australia, la Micronesia – il nome dato a un tratto di oceano grande due volte gli Stati Uniti – comprende le Isole Marshall, Palau, Kiribati, Nauru, gli Stati Federati di Micronesia, e tre territori statunitensi: le Marianne Settentrionali, Guam e l'Isola di Wake. Queste nazioni e questi territori occupano poco più di 2500 chilometri quadrati di terra. (L'isola principale, Guam, la più vasta terra emersa della Micronesia, grande più o meno quanto Chicago, rappresenta da sola un quarto del territorio totale.) Circa mezzo milione di persone popola le duemila isole della Micronesia, una costellazione di porti sicuri sparsi nella vastità dell'oceano.

Le Marshall non sono un piccolo stato insulare, bensì un grande stato oceanico. A poca distanza da terra, le loro barriere coralline circondano alcune delle acque più produttive e con la maggiore biodiversità al mondo. I ventinove atolli racchiudono 1156 isolette sparse in un tratto di Pacifico lungo duemila chilometri, un supercontinente oceanico la cui altezza massima sul livello del mare è di appena dieci metri; ma qui la stragrande maggioranza delle terre emerse si trova a meno di due metri al di sopra del livello delle maree: esattamente l'innalzamento globale degli oceani previsto per questo secolo.

Non è la prima volta che le Marshall rischiano la distruzione totale. Appena una vita fa, ai tempi della Guerra fredda, queste isole erano usate come bersaglio dall'esercito degli Stati Uniti per i suoi test nucleari. Sull'isola di Runit si trova ancora una cupola di contenimento che ha lo scopo di isolare per secoli il materiale radioattivo dai vicini terreni di pesca. Tuttavia chi l'ha progettata non aveva previsto l'innalzamento dei mari.

E così le Marshall sono da tempo l'epicentro di un movimento globale di resistenza, ben prima del loro successo nel convincere il mondo a mirare all'obiettivo di 1,5 °C per il riscaldamento globale alla conferenza di Parigi sul clima del 2015.

Dai primi segni dell'innalzamento dei mari e di fenomeni meteorologici sempre più estremi, alcuni abitanti delle isole del Pacifico hanno iniziato a pensare a se stessi e alle loro terre natie in maniera diversa, nutrendo la speranza che un'azione davvero radicale sarebbe stata sufficiente a riportare indietro le lancette dell'orologio e a invertire alcuni dei danni già prodotti.

Nel 2013, mentre imperversava sul Pacifico tropicale, il tifone Haiyan ha dato il via a una nuova era. Prima di abbattersi sulle Filippine, Haiyan ha percorso la Micronesia, passando ad appena otto chilometri dall'isoletta di Kayangel nell'arcipelago di Palau. In un ciclone tropicale, i venti più forti circolano intorno all'occhio centrale, una zona di aria discendente priva di nubi e larga pochi chilometri, generata dalle correnti che risalgono da un anello di temporali molto intensi. Passando vicino Kayangel, Haiyan ha portato con sé venti abbastanza forti da devastare l'isola. Nel suo servizio per il Solutions Journalism Network, Ari Daniel riferiva che quattro famiglie erano sopravvissute alla tempesta stipandosi nell'unico posto sull'isola che avesse pareti di cemento: il bagno dell'ospedale. Una volta passato il ciclone, le autorità locali hanno evacuato tutte le 138 persone che vivevano sull'isola, costringendole ad abbandonarla per mesi intanto che si provvedeva alla ricostruzione.[86] Haiyan era un super-tifone, il ciclone tropicale più potente che abbia mai toccato terra nella storia mondiale documentata. Ha colpito con venti sostenuti che soffiavano a una velocità stimata di 314 chilometri orari (dico stimata perché nessuna stazione meteorologica ha potuto reggere a una simile violenza). Il dato è desunto dalle valutazioni delle stazioni meteo satellitari della temperatura della parte superiore delle nuvole che è un indicatore della forza dell'attività temporalesca (i temporali più alti presentano venti più forti e risultano più freddi all'osservazione spaziale). Haiyan ha raggiunto il limite delle più comuni misurazioni d'intensità con l'uso dei satelliti, superando la forza massima teorica di un ciclone tropicale così com'era stata concepita dai meteorologi che hanno ideato la scala. Usando il sistema di classificazione statunitense degli uragani in cinque livelli, che distingue le tempeste in base alla velocità massima dei venti – l'aspetto più facile da misurare di un ciclone tropicale perché le precipitazioni e le onde di tempesta possono variare di molto a seconda della topografia – Haiyan sarebbe stato di categoria 6.

A detta di tutti, il ciclone ha totalmente trasformato la regione. Nei giorni successivi, la BBC descriveva "una distesa desolata di fango e macerie".[87] In quel momento il principale negoziatore delle Filippine per i cambiamenti climatici, Yeb Saño, si trovava a Varsavia, in Polonia, al summit annuale dei leader mondiali che lavoravano a un accordo globale per limitare l'interferenza umana con il sistema climatico. In un triste discorso agli altri delegati, Saño ha deciso di ribellarsi allo status quo. «Potremmo aver ratificato la nostra rovina» ha dichiarato. «Ci rifiutiamo, come nazione, di accettare un futuro in cui supertifoni come Haiyan siano l'ordinaria amministrazione. Ci rifiutiamo di accettare che fuggire dalle tempeste, evacuare le nostre famiglie, subire devastazioni e miseria, contare i morti, diventino ordinaria amministrazione. Ci rifiutiamo e basta.»[88]

Per usare una frase di Antonio Gramsci, chi è nelle prime linee dei cambiamenti climatici ha "il pessimismo della ragione, ma l'ottimismo della volontà". Per protestare contro la lentezza della comunità internazionale nel combattere i cambiamenti climatici, Saño ha iniziato uno sciopero della fame che ha involontariamente dato vita a un movimento sociale. Alla fine dei tredici giorni di incontri, centinaia di migliaia di persone da ogni parte del mondo hanno promesso il proprio appoggio. La ferocia mai vista di Haiyan e le parole e azioni disinteressate di Saño hanno portato l'emergenza delle mutate condizioni atmosferiche alla ribalta del dibattito sui cambiamenti climatici e della nostra coscienza collettiva. Saño ha anche gettato le basi del primissimo accordo globale sul clima raggiunto a Parigi due anni dopo.

Da solo, quell'accordo non sarà sufficiente a prevenire la fine, legata al clima, delle Filippine di Saño o delle Isole Marshall. Con una posta in gioco tanto alta e i livelli dei mari che continuano a salire, secondo la narrazione dominante, raccontata dagli estranei, quelle nazioni saranno le prime vittime dei cambiamenti climatici. Così le Marshall e le Filippine non sono più luoghi reali, bensì una metafora dell'umanità stessa, un monito che sembra venire direttamente dall'Antico Testamento. Un tempo pure e incontaminate, sono state ingiustamente condannate all'oblio, a essere un segno premonitore del peggio che deve ancora venire. In questo racconto non è possibile nessun lieto fine; il fallimento è inevitabile, il destino è segnato, finiranno sommerse dalle maree crescenti.

Non è così che la ventiduenne Selina Leem descrive il posto dov'è nata. Nelle Marshall ha visto con i suoi occhi ciò che stava accadendo. Sulla parte più stretta dell'atollo di Majuro, la sua isola natale, ha sentito l'acqua circondarla sempre più minacciosa.

Un pomeriggio, durante una tempesta, ha guardato fuori della finestra e ha visto le onde abbattersi sulle tombe dei suoi nonni; era la prima volta che si sentiva offesa personalmente dall'oceano. In quel momento ha capito che non poteva più rimanere in silenzio.

«Continuavo a pensare che il mondo intero ci si stava rivoltando contro e noi non avevamo nessuna colpa, eppure eravamo quelli che ne soffrivano» mi ha detto Selina. «Ero davvero arrabbiata per quant'era cieco e ignorante il resto del mondo. In qualche modo, dovevamo provarle tutte per costringerli a fare qualcosa.»[89] Di fronte a un compito impossibile, Selina ha ben presto conquistato la notorietà globale come guida morale in un pianeta che sta rapidamente cambiando.

Semmai quelli di noi che vivono in paesi ricchi rivolgono il pensiero alla Micronesia, probabilmente pensano ai mari che si stanno scaldando e ai fenomeni meteorologici sempre più estremi come a qualcosa che capita a persone che non hanno voce o potere per governare il proprio destino. Ma Selina sa come stanno le cose. Ha già imparato quello che chiunque dovrà capire quanto prima: che siamo entrati in un'era in cui siamo tutti collegati dalla nostra atmosfera che sta cambiando e che una dualità di vita e morte ha già definito il nostro comune momento culturale. Con le nostre azioni quotidiane stiamo mutando le condizioni di vita delle prossime generazioni... nel bene o nel male. Le implicazioni di quella consapevolezza potrebbero ispirare una comprensione totalmente nuova di ciò che significa essere vivi su questo pianeta.

A diciott'anni, come delegata delle Marshall alla conferenza di Parigi del 2015, Selina ha osservato il mondo discutere su espressioni e frasi che avrebbero messo a repentaglio o tutelato l'esistenza della sua patria nel corso della sua stessa vita. Nelle ultime ore della conferenza erano sorte delle tensioni tra gli Stati Uniti e la Cina – i due principali emettitori – e una coalizione informale di decine degli stati più vulnerabili, che si erano uniti per organizzare un ultimo, disperato tentativo di impedire il fallimento dei colloqui.

La "High Ambition Coalition" (HAC) messa insieme e guidata da Tony deBrum, l'allora ministro degli Esteri delle Marshall a capo della loro delegazione negoziatrice, alla fine ha ottenuto un risultato migliore di quanto chiunque si sarebbe aspettato.[90] La conferenza di Parigi si è conclusa con il primo accordo al mondo per ridurre le emissioni degli inquinanti che stanno rendendo più estreme le condizioni meteorologiche e provocando l'innalzamento degli oceani.

A Parigi deBrum ha chiesto a Selina di raccontare la sua storia e perorare la causa del suo paese. Nel suo discorso, Selina non ha eluso la realtà. Dopo essersi presentata a decine di capi di stato e delegati delle centonovantasei nazioni come «una piccola isolana con grandi sogni», ha ricordato la vulnerabilità della sua casa, che sorge sull'atollo in cui è cresciuta: «Alla mia sinistra c'è l'acqua, alla mia destra c'è l'acqua. Sono circondata dall'acqua». Ha raccontato di aver cominciato a temere l'acqua soltanto dopo che il nonno le aveva parlato del ghiaccio che si scioglieva ai Poli quando aveva sei o sette anni, una cosa che a quel tempo le era sembrata una storia dell'orrore.

«A volte, quando vuoi cambiare le cose, è necessario mettere il mondo sottosopra» ha detto Selina. «Questo accordo dovrebbe segnare la svolta nella nostra storia, una svolta per tutti noi.»

Mentre parlava, Selina ha sollevato un mazzetto di fibra di cocco. «La fibra di cocco che ho tra i capelli e che tengo in mano viene dalle Isole Marshall. Spero che la conserviate e la mostriate ai vostri figli e nipoti, raccontando loro una storia nuova, la storia di come oggi avete aiutato una piccola isola e il mondo intero.»[91]

Benché all'epoca fosse soltanto un'adolescente, Selina parlava con la saggezza appassionata di chi ha già visto troppo. A mano a mano che i mari diventavano più infuriati e pressanti, lo diventava anche lei... e milioni di altre persone residenti sulle isole di tutto il mondo, che si rifiutavano di rimanere a guardare gli oceani inghiottirsi le loro terre natie.

«Se dobbiamo perdere le nostre isole, allora non combattiamo più soltanto per le Marshall; combattiamo per il resto del mondo. Ormai ho capito che il mio non è l'unico paese vulnerabile colpito dai cambiamenti climatici. Ci sono tante altre comunità, tante altre nazioni, tante altre società che sono ugualmente colpite» mi ha detto Selina. «Perciò, quando ci battiamo per questo, non lo facciamo soltanto per noi stessi; combattiamo anche per quelle altre persone.»[92]

Tornata a casa, Selina è stata sommersa di reazioni da gente di ogni parte del mondo, alcune fortemente critiche, altre che negavano le sue preoccupazioni, pur affermando di sostenerla. Una diceva che sì, era d'accordo che si dovesse fare qualcosa per i cambiamenti climatici in modo da salvare le sue isole, ma «semplicemente non ce lo possiamo permettere».[93] Durante un altro evento in Canada pochi mesi dopo, la donna che presentava Selina ha detto in tono grave che molte delle bandiere sul palco avrebbero potuto scomparire negli anni successivi. La folla ha annuito in silenzio.

Selina era scioccata. «Mi ha colpito. Era come se, accidenti, il resto del mondo ci stesse già dicendo addio. Sono rimasta seduta a pensare: *A che serve la militanza? Qual è il ruolo di noi abitanti delle Marshall e di noi isolani, che andiamo in giro per il mondo a dire che vogliamo che le nostre isole sopravvivano?* Eppure, dalla reazione della donna e del pubblico è già evidente che tutti loro ne accettano con gravità la scomparsa, la danno per scontata. Qualunque cosa facciamo, accadrà. Ci sono momenti come quello in cui vorrei davvero mettermi a urlare e puntare il dito. Quante persone sono già salite su questo palco? Quante altre persone piangeranno qui e le loro suppliche raggiungeranno orecchie sorde? Non siamo pronti a dire addio.»[94]

Nonostante l'inevitabilità della catastrofe, gli abitanti delle isole si rifiutano di essere spazzati via.

Eppure, le tempeste flagellano le coste e abbattono le lingue di corallo e i frangiflutti che proteggono le tombe dei loro avi. In mezzo a quelle onde, Selina sente un legame viscerale con il resto del mondo. Riconosce i volti dei primi magnati del carbone e di chi esegue esplorazioni in cerca di petrolio. Vede le trafficate autostrade moderne e le fabbriche fumanti in città remote che probabilmente non visiterà mai. Vede la tua faccia e la mia: persone cresciute negli agi dell'economia alimentata a combustibili fossili che non hanno mai sentito parlare delle sue isole o della paura e dell'ansia che adesso l'innalzamento dei mari provoca ai suoi amici e famigliari. Con una forza che pare venire dall'intero pianeta, ogni alta marea porta a terra una porzione più vasta di oceano: un acquoso messaggio di disprezzo.

A Parigi, Selina ha dato voce a ciò che tutti pensavano: *Se il mondo imbocca una strada che, in sostanza, sacrifica la sopravvivenza di intere nazioni come un argomento di negoziazione, dove tracceranno il limite i leader futuri?* E la sua voce era chiara: «Questo accordo è per quelli di noi la cui identità e cultura, i cui antenati, il cui intero essere è legato alle loro terre. Se questa è una storia che narra delle nostre isole, è una storia per il mondo intero».[95]

Per alcuni in sala si è trattato del momento più memorabile di quella storica riunione. Il discorso di Selina è stato accolto con una standing ovation.

Nelle settimane precedenti la conferenza di Parigi sul clima, l'immagine cruda di un bambino siriano – affogato su una spiaggia turca dopo lo straziante tentativo della sua famiglia di fuggire dall'incubo della guerra – ha turbato l'opinione pubblica mondiale come un pugno nello stomaco. È stato un ceffone profondamente personale, tragico e urgente per coloro che avevano prestato poca attenzione a quello che è diventato il più vasto esodo di massa dai tempi della Seconda guerra mondiale.

Svariati studi hanno ormai dimostrato che la crisi siriana è stata scatenata in parte dalle conseguenze e dalla cattiva gestione di una delle siccità peggiori da secoli, collegata alla diversa distribuzione delle precipitazioni a causa del riscaldamento planetario.[96] Oltre a suscitare un orrore puro e immediato, che umanizzava una crisi che molti conoscevano solo dalle statistiche dei rifugiati, la fotografia diceva chiaramente che non è soltanto l'innalzamento dei mari, ma che anche la perdita di terreni agricoli potrebbe ridefinire un mondo in cui il rapido mutamento delle condizioni atmosferiche comincia ad avere ripercussioni profonde.

Il Pentagono ha avvertito che i cambiamenti nella distribuzione dei periodi di siccità, delle ondate di calore e dello scioglimento dei ghiacci stanno già diventando una delle più gravi minacce alla sicurezza del pianeta.[97] In alcune parti del mondo, come la Siria, ciò ha contribuito a scatenare guerre brutali e ha costretto molte persone ad abbandonare per sempre gli unici luoghi che conoscevano. Il conflitto siriano ha avviato gran parte dell'attuale ondata migratoria di massa, ma prelude anche a qualcosa di molto peggio: le Nazioni Unite stimano che, se niente cambia, per la metà del XXI secolo più di duecentocinquanta milioni di persone in tutto il mondo saranno costrette ad abbandonare le aree del pianeta soggette a rischio ambientale.

Poco dopo che la fotografia del bambino siriano era stata divulgata, Tony deBrum ha alzato il tiro a nome delle nazioni più esposte ai cambiamenti climatici: «L'evacuazione di intere popolazioni e la distruzione delle lingue e delle tradizioni culturali equivale, a nostro parere, al genocidio».[98] Nei mesi successivi la conferenza di Parigi, un delegato di Tonga riassumeva così l'atteggiamento degli isolani da allora in avanti: «Tra dieci anni affogheremo. Fino a quel momento intendiamo darci da fare».[99]

Questo secolo procederà tra momenti critici planetari e umani intrecciati. Poiché adesso il clima è una questione politica, ha generato un movimento sociale. Invece di smarrirsi nell'orrore di un cambiamento esistenziale apparentemente sfuggito al loro controllo, le persone come Selina hanno contribuito a trasformare le Isole Marshall, e altri paesi in prima linea nell'emergenza climatica, in un luogo di coraggio. Il discorso di Selina a Parigi ha segnato l'inizio di uno spostamento globale del potere: i decenni centrali del secolo saranno guidati dall'autorità morale dei giovani e di coloro che subiscono i cambiamenti climatici ed esigono che la loro voce sia ascoltata. Per la generazione di Selina, ciò che sta accadendo va ben oltre un mutamento delle condizioni meteo e di alte maree sempre più persistenti. È l'imperativo a lavorare insieme per creare un mondo nuovo, più pacifico, prospero ed equo.

Avere la prova incontrovertibile dell'influsso umano sulle precipitazioni, le temperature, il livello dei mari e la copertura nuvolosa significa che l'esperienza quotidiana di essere vivi sul nostro pianeta è oggi diversa da come è stata per tutte le centinaia di migliaia di anni dell'esistenza umana moderna ed è attivamente mediata da chi detiene il potere.

Tale realtà quotidiana – e la possibilità che l'uomo continui a prosperare sulla Terra – è oggi soggetta alle scelte che compiamo come individui, come comunità e come società in senso lato. Poiché il clima influenza quasi tutto ciò che facciamo, dalla produzione alimentare ai trasporti, alla sanità pubblica, alla vivibilità stessa delle nostre città, il fatto che le attività umane lo stiano fondamentalmente modificando creerà vincitori e vinti. Il clima è, più che mai, una questione di giustizia sociale. Adesso l'atmosfera è tanto un'arma quanto una fonte di vita e il modo in cui discutiamo della nuova realtà che condividiamo o darà potere alle comunità in procinto di perdere tutto o rischierà di far pendere ancora di più la bilancia dalla parte di coloro che continueranno ad approfittare della situazione.

Come in tutte le questioni politiche, le parole contano e la maniera in cui parliamo del clima oggi conta più che mai.

Per molto tempo la politica internazionale ha concepito i migranti climatici come un problema da gestire, anziché come una crisi dei diritti civili che priva le famiglie della loro umanità in un momento in cui sono vulnerabili. Ancora non esiste, ufficialmente, la figura giuridica di "rifugiato per i cambiamenti climatici": le Nazioni Unite non riconoscono l'atmosfera o l'ambiente come entità capaci di nuocere, conferendo così a un individuo lo status di rifugiato.

In una presentazione al Consiglio di sicurezza dell'ONU su clima e migrazioni, Michael Gerrard, fondatore e direttore del Sabin Center for Climate Change Law alla Columbia University, ha delineato le azioni che si potrebbero intraprendere in base all'articolo 29 del capitolo VII dello Statuto delle Nazioni Unite, che recita: "Il Consiglio di Sicurezza accerta l'esistenza di una minaccia alla pace, di una violazione della pace, o di un atto di aggressione, e fa raccomandazione o decide quali misure debbano essere prese per mantenere o ristabilire la pace e la sicurezza internazionale".[100]

Il Consiglio, ha detto Gerrard, è in grado di valutare se le evacuazioni legate al clima rappresentano una reale minaccia alla pace e, se così è, di avviare programmi per contenere e affrontare i problemi legati al gran numero di profughi. Quando, nel 2007, il Consiglio ha discusso per la prima volta le implicazioni più ampie dei cambiamenti climatici, compresa la migrazione forzata, la scelta di quella sede è stata controversa. I paesi in via di sviluppo, infatti, temevano che il Consiglio non potesse rappresentare adeguatamente le loro preoccupazioni. Adesso però è sempre più assodato che i cambiamenti climatici minacciano, in particolare, l'esistenza stessa dei piccoli stati insulari e che quindi il Consiglio di sicurezza potrebbe svolgere un ruolo chiave nel sollecitare provvedimenti.

«E questo potrebbe indurre a riconoscere la necessità di un impegno significativamente maggiore a mitigarne gli effetti» mi ha detto Gerrard. «I cambiamenti climatici offrono al Consiglio di sicurezza l'opportunità di prendere l'iniziativa nel prevenire minacce alla pace.»[101]

Al contempo, lo spettro di un mondo spinto sull'orlo del baratro da un'impennata dei migranti climatici esigeva la previsione di diritti speciali per i profughi, l'obbligo dei paesi con le maggiori emissioni di facilitarne il reinsediamento e l'applicazione di tali diritti e obblighi da parte della comunità internazionale.

Anche se è indubbio che le emissioni di gas serra provocano danni, è impossibile imputare a un singolo atto la colpa di una specifica migrazione forzata. E questo, mi ha detto Jessica Wentz, collega di Gerrard al Sabin Center, crea un «problema perverso» che spiega almeno in parte la riluttanza della comunità internazionale a farsene carico.[102] Wentz ritiene che un nuovo status di protezione che si applichi nello specifico ai migranti ambientali potrebbe contribuire a garantire i diritti delle persone che in futuro saranno costrette a spostarsi per via dell'innalzamento dei mari o della megasiccità. Un simile status di protezione potrebbe alla fine far avere la cittadinanza in un paese straniero a seguito di calamità climatiche o di eventi a sviluppo lento, come l'innalzamento del livello dei mari.

Insieme ai leader di altre nazioni povere e vulnerabili, Anote Tong, presidente dello stato insulare di Kiribati nel Pacifico centrale, ha invocato un sistema globale di risarcimenti che tenga conto delle perdite e dei danni che i cambiamenti climatici stanno già provocando. Alla conferenza di Parigi, i rappresentanti di Kiribati e delle Fiji hanno annunciato un accordo che, in linea di principio, consentiva agli oltre centomila abitanti di Kiribati di ottenere la residenza alle Fiji nel caso in cui l'innalzamento dei mari avesse reso inabitabili le loro case. In Bangladesh, dove si stima che l'erosione trasformi in senzatetto duecentomila persone ogni anno, il paese ha avviato un audace programma di recupero della terra dalle acque circostanti per favorire i reinsediamenti. Nel frattempo, però, i futuri migranti costretti a fuggire dall'innalzamento dei mari alle Maldive e a Tuvalu potrebbero non avere una patria a cui tornare.

Da un punto di vista legale, la crisi incombente solleva una domanda interessante, per quanto morbosa: che cosa accadrà quando queste nazioni insulari cesseranno praticamente di esistere? Secondo l'attuale diritto internazionale, la zona economica esclusiva di un paese – per la quale detiene il diritto di sfruttare la pesca, le esplorazioni minerarie e il turismo, per esempio – si misura a partire dalle coste. Se un'isola scompare per l'innalzamento del mare, anche la sua economia sarà cancellata dalla carta geografica? Che cosa accadrà quando l'acqua salata che penetra nei terreni coralliferi porosi renderà di fatto inabitabile un'isola? Se l'esistenza di un luogo appare precaria, quanto ci vorrà prima che il mondo la consideri già conclusa? Dopo tutto, la perdita di un luogo non si verifica necessariamente nel momento in cui finisce sott'acqua: un esodo economico può iniziare decenni prima. I cittadini di un'ex nazione insulare, sparsi per il mondo, potranno ancora essere rappresentati come un'entità collettiva in seno alle Nazioni Unite?

Questo è il tipo di domande che toglie il sonno a Gerrard e ai suoi colleghi. «Ritengo che le nazioni del mondo debbano cominciare a pensare sul serio a quante persone potranno accogliere» mi ha detto. «L'attuale, terrificante situazione in Europa è soltanto una minima parte di ciò che sarà provocato dai cambiamenti climatici.»[103]

Gerrard ha concepito una proposta interessante: ai migranti climatici di questo secolo dovrebbe essere concessa la residenza permanente all'estero in proporzione alle emissioni nazionali storiche. Ciò significa che agli Stati Uniti, che detengono il triste primato di essere l'emettitore storico di gas serra più grande del mondo, toccherebbero milioni di profughi. Tuttavia, considerando la retorica contro l'immigrazione emersa negli ultimi anni, politiche volontarie che aiutino a offrire un rifugio sicuro a una quantità infinitamente maggiore di migranti dalle isole del Pacifico inondate o dai terreni agricoli inariditi del Sudan appaiono quasi impensabili.

In un editoriale pubblicato dal *Washington Post* nel 2015, Gerrard sosteneva in modo convincente che gli Stati Uniti hanno la responsabilità morale unica di affrontare la crisi dei migranti climatici con una politica di reinsediamento compassionevole e accogliente. "Il diritto internazionale riconosce che se l'inquinamento varca le frontiere nazionali, il paese dove ha avuto origine è responsabile dei danni" scriveva. "Ciò ribadisce quello che tutti noi abbiamo imparato a scuola: chi sporca, pulisce."[104] Nell'ipotesi peggiore, nei prossimi trent'anni gli Stati Uniti dovrebbero dare ospitalità a ben 67 milioni di persone, più del 20 per cento della loro popolazione attuale. La maniera migliore di prevenire una simile eventualità, mi ha detto Gerrard, «è la riduzione rapida e radicale delle emissioni di gas serra».[105]

Le Marshall ci sono già passate: durante i primi anni della Guerra fredda, alcune isole furono evacuate a forza e usate come sito di test nucleari; in totale vennero fatte esplodere sessantasette bombe, che resero inabitabili quelle terre per generazioni. Si tratta di ferite ancora aperte nella mente di marshallesi.

Circa un terzo dei settantamila cittadini delle Marshall vivono ora all'estero. Molti hanno scelto gli Stati Uniti come conseguenza di un trattato di libera associazione stretto subito dopo i test nucleari, che consentiva ai cittadini delle isole di trasferirsi senza impedimenti negli USA.

Osservando con attenzione i luoghi minacciati come le Isole Marshall, vi si riconoscono al tempo stesso l'apocalisse e la rinascita culturale. Con così tante persone già lontane dalla madrepatria, rimane la spinta forte a preservare le pratiche culturali tradizionali, tipo la medicina popolare, la tessitura e le feste: un'occasione di conoscere il mondo delle isole, intimamente connesso alle piante, gli animali e al clima.

Stando alle esperienze delle persone con cui ho parlato alle Marshall, quasi nessuno di quelli che se ne sono andati indica i fenomeni atmosferici o il clima come motivo principale della propria partenza. E molti non sono "fuggiti", né si considerano "rifugiati", bensì persone normali che volevano una vita migliore.

Kianna Juda-Angelo ha cercato di immaginare e costruire delle Isole Marshall che non soltanto sopravvivano, ma prosperino. Lei stessa è nata là, ma è cresciuta in Oregon: era stata adottata da bambina e soltanto da poco ha ripreso i contatti con la sua famiglia d'origine. Quell'identità, scoperta da adulta, ha trasformato il suo atteggiamento e alimentato le sue speranze.

«Un sacco di gente mi dice: "Perché dovrei fare una donazione alla tua Onlus se ti adoperi per un posto che finirà sottacqua?". E io, specie a quelli che vivono qui sulla West Coast, rispondo: "Un giorno o l'altro ci aspetta un terremoto davvero forte, che sommergerà le case d'acqua e terra. Ma siamo ancora qui, e continuiamo a costruire sulle linee di faglia e nei posti più assurdi perché l'Oregon è uno dei luoghi più belli che ci siano: ci piacciono l'aria aperta, gli alberi, le montagne e chi più ne ha più ne metta". Prima ricordo alle persone l'ambiente che le circonda, dopodiché è più facile parlarci: c'è un sacco di gente che non se ne vuole andare dalle Marshall.»[106]

Kianna mi ha detto che è impossibile pensare a un mondo che non includa le Isole Marshall. E questo l'ha costretta a essere lungimirante: «Ci sto tornando. La mia famiglia e io intendiamo tornarci e costruirci un posto nostro.

«Dobbiamo cambiare modo di pensare e dirci: Ci sono persone che vogliono vivere là. Ci sono persone che tornano, come me, quindi come possiamo lavorare sull'ambiente? Non ho nessuna intenzione di costringere tutti gli abitanti dell'Oregon a trasferirsi. Non costringiamo la gente della Bay Area ad andarsene perché il Big One sarà devastante. Quanti terremoti abbiamo vissuto, e non ci siamo ancora trasferiti? Quante inondazioni ha subìto il Sud degli Stati Uniti e non è ancora stato evacuato? Nessuno se ne va! È così facile per chi osserva dall'esterno classificare un intero gruppo di persone ed etichettarle come stupide. Perché dovreste voler ricostruire New Orleans, che sta affondando? Anche New York è un'isola. E la sua metropolitana è incredibilmente vulnerabile. Ogni città costiera sulla Terra si trova nella medesima situazione. È facile dare la colpa alle vittime per non aver provveduto a prevenire i danni o non aver abbandonato le proprie case. Non vorrei che nessuno mi dicesse di abbandonare la mia.»

Un'idea a cui Kianna sta già lavorando è una serra galleggiante. Con l'impiego di chiatte in disuso, progetta di creare serre sostenibili che funzionino in maniera autonoma. Nelle stesse vaste lagune al centro degli atolli usate dall'esercito statunitense come basi nelle guerre passate, Kianna sta collaborando con scienziati e ingegneri per realizzare un modello di Isole Marshall sostenibili. «Ormai ci sono talmente tante inondazioni su tutti gli atolli che l'acqua sta invadendo gli orti e i palmizi. Come possiamo risolvere il problema?»

Kianna sta cominciando a trovare una risposta. Grazie a una serra a ciclo chiuso, la gente avrà accesso a cibo fresco e acqua dolce a prescindere dal tempo che fa fuori. La chiatta, secondo Kianna, avrà «sotto un allevamento di pesci, con la cui cacca si nutriranno le piante, che a loro volta riceveranno la condensa dei vetri: all'interno ci piove, letteralmente. È davvero stupefacente. La nostra chiatta campione è già in funzione da due anni».

Talvolta essere gente che vive sull'oceano significa sapere quando spostarsi e quando invece rimanere e combattere. Il coraggio di Kianna e Selina ispirerà tutti noi ad agire nel prossimo decennio.

2020-2021: la scintilla, l'incendio e la reazione

L'inizio degli anni Venti del secolo non è stato facile. All'alba del nuovo decennio, il pianeta era sommerso dalle tempeste, letteralmente e metaforicamente. Assistevamo con orrore al materializzarsi di una catastrofe dopo l'altra. Anche se non sempre ce ne rendevamo conto lì per lì, piangevamo un mondo che sapevamo non sarebbe mai più tornato. E ci aggrappavamo alla promessa che uno migliore ne avrebbe preso il posto.

Il meteorologo Deke Arndt, direttore della divisione di monitoraggio del clima della National Oceanic and Atmospheric Administration (NOAA), ha definito l'inizio del decennio un tempo di "addii" climatici, contrassegnato dalla perdita dell'ambiente familiare che definiva il nostro essere, che ci rendeva ciò che eravamo.[107] Come tutti gli addii, è stato doloroso, ma ci ha consentito di accettare la nostra nuova realtà. Dicendo addio, iniziamo a recuperare la capacità di consolare, confortare, sanare e agire.

Colpita da un disastro dopo l'altro, l'umanità si è ritrovata impreparata. Abbiamo mescolato dolore, rabbia e speranza intanto che le proteste di massa raggiungevano nuovi record. Persone che soltanto pochi mesi prima non si erano mai considerate particolarmente "impegnate" si organizzavano con amici e vicini per tracciare una nuova rotta. Finalmente, politica ed ecologia cominciavano a fondersi. Milioni di dibattiti simultanei sono giunti alla stessa conclusione: non ci sentiamo pronti, ma non abbiamo scelta. È adesso o mai più.

Nel 2020, nel cinquantesimo anniversario della prima Giornata della Terra, appena cinque anni dopo che El Niño si era presentato con particolare intensità, gli scienziati hanno cominciato a ricevere segnali che il Pacifico si stava riscaldando di nuovo, accrescendo in tutto il mondo il rischio di incendi, ondate di calore, siccità, alluvioni e cicloni tropicali. Le condizioni prodotte dal Niño, unite a un po' di malasorte, hanno spianato la strada a un periodo di calamità globali che l'uomo moderno non aveva mai conosciuto.

Mentre si avvicinavano le elezioni presidenziali negli Stati Uniti, diventava evidente che anche i candidati più progressisti erano impreparati all'emergenza che li avrebbe costretti a dar forma a una società totalmente diversa. Talvolta pareva di vivere in un mondo virtuale, una caricatura di tutti i film catastrofici e distopici tanto di moda negli ultimi anni, con eventi troppo precisi per essere credibili.

In alcune metropoli si sono verificate letali ondate di calore. A Chicago le temperature hanno raggiunto i 43 °C per tre giorni consecutivi e il terribile bilancio delle vittime si è impresso nelle coscienze: immagini indelebili di una porta dopo l'altra segnata con la vernice dalla polizia e, nei giorni e nelle settimane seguenti, notiziari ventiquattr'ore su ventiquattro che descrivevano una nazione in lutto. Le temperature sono salite a livelli simili a Pechino, Mosca e Berlino, città dove un caldo del genere non si era mai visto. Nello stesso periodo, una grave siccità ha devastato l'Europa e l'Africa meridionali e l'intera Amazzonia, mentre tutto il Sudest asiatico ha assistito a grandi inondazioni. Ne è derivata una crisi alimentare globale che ha colpito 250 milioni di persone, inasprendo le tensioni internazionali che già covavano sotto la cenere. Per alcuni mesi terrificanti, le Nazioni Unite non sono state in grado di fornire aiuti alimentari e altri servizi di assistenza alle decine di paesi che più dipendevano dalle importazioni di derrate alimentari come risultato del passato colonialismo e delle storture del capitalismo, soprattutto nei Caraibi, nell'Africa settentrionale e nell'Asia orientale.

Il riscaldamento delle acque del Pacifico dovuto al Niño ha scatenato una serie di tifoni. Il peggiore si è abbattuto con una violenza senza precedenti sul delta del Fiume delle Perle, in Cina, dove sorgono le città di Hong Kong, Guangzhou, Shenzhen e Macau. Il delta, con oltre sessanta milioni di abitanti, ha di recente superato Tokyo come più vasta megalopoli del pianeta. Quando ha toccato terra, il supertifone – di categoria 5, con venti che soffiavano a quasi 300 chilometri orari e onde di tempesta alte fino a otto metri – ha avuto un impatto molto più devastante del tifone Mangkhut del 2018, il peggiore mai registrato nella regione fino a quel momento. E ciò che è peggio è che si è fermato sulla terraferma, indugiando sull'area per giorni e scaricando una quantità di pioggia pari alle precipitazioni di un intero anno. Seguendo a ruota l'epidemia di Coronavirus, il ciclone ha provocato la sfiducia nei confronti della leadership cinese mentre milioni di sfollati faticavano a trovare cibo, acqua e un riparo adeguato. In tutta la nazione si è diffusa un'ondata di proteste che, amplificando quelle di Hong Kong del 2019, richiamavano i leader alle proprie responsabilità.

Nel giro di poche settimane, un ciclone di forza analoga ha colpito Mumbai: un evento che esulava da ogni esperienza storica ed era previsto una volta ogni 650 anni. Poi il tanto preannunciato "Big One" aveva attraversato la Florida aprendosi un cammino di distruzione da Miami a Tampa e lasciando un altro milione di senzatetto.

Mentre negli Stati Uniti si avvicinavano le elezioni presidenziali del 2020, i profughi in giro per il mondo hanno superato i cento milioni, il triplo di appena dieci anni prima. I leader nazionalisti di USA ed Europa, anziché riconoscere il diritto legale alla sicurezza di quelle persone, hanno avviato una stretta tirannica sulle migrazioni. Facendo eco alle parole dell'ex presidente George H. W. Bush al Summit della Terra di Rio nel 1992, il presidente Trump ha dichiarato in un discorso alla nazione: «Lo stile di vita americano non è negoziabile. Punto». Gli Stati Uniti hanno messo la propria supremazia al di sopra del principio di umanità. Chiudendo le frontiere e abbandonando il patrimonio costiero, la nuova politica climatica di Trump ha lasciato la maggioranza dell'umanità fuori della porta, in un impressionante quanto futile tentativo di ecofascismo che gli ha attirato immediate condanne dal mondo intero.[108]

Barcamenandosi tra impeachment e scandali, l'amministrazione Trump si è servita dei cambiamenti climatici fuori controllo per giustificare l'occupazione del quartiere di Little Haiti a Miami: uno dei terreni più elevati sul livello del mare di tutta la Florida meridionale. Per vari mesi, con l'ausilio delle forze armate, i "soccorsi" dell'amministrazione hanno trasformato le rovine in alloggi di lusso per i ricchi fuggiti da una Miami Beach distrutta. E intanto, il governo non faceva praticamente nulla per ricostruire il resto della Florida meridionale.

Invece, nell'improvvido tentativo di tutelare gli interessi statunitensi, l'amministrazione ha inasprito la guerra dei dazi con la Cina e mandato l'esercito a bloccare lo stretto di Malacca, interrompendo di fatto i rapporti commerciali e precipitando l'economia mondiale nella recessione. Dagli studi delle tv via cavo gli esperti non potevano che assistere inorriditi al concretizzarsi dell'inflessibile piano climatico del presidente, che avrebbe garantito la reciproca distruzione economica.

Alle Hawaii, un gruppo di scienziati aveva predetto qualcosa di simile. Uno studio del 2018, che esaminava gli effetti cumulativi di più disastri sovrapposti, aveva dimostrato che i cambiamenti climatici aumentavano la frequenza e la gravità di molte delle crisi legate ai fenomeni atmosferici estremi. Prima o poi, secondo lo studio, la nostra fortuna si sarebbe esaurita e calamità distinte avrebbero colpito tutte insieme, cosa che ne avrebbe ingigantito l'impatto.[109]

«Niente di tutto questo è un caso isolato» mi ha detto nel 2014 David Titley, contrammiraglio in pensione. «I cambiamenti climatici non sono soltanto una questione ambientale; sono una questione di tecnologia, acqua, cibo, energia, demografia.» Come gran parte degli esperti militari, Titley capiva, allora come oggi, che se non riorganizziamo bene la nostra società, saranno i conflitti – anziché i cambiamenti climatici – a costringere le persone ad abbandonare le proprie case.

«Gran parte della gente cerca semplicemente di tenersi il lavoro e provvedere alla famiglia» ha aggiunto Titley. «[Ma] se adesso gli effetti devastanti dei cambiamenti climatici si manifestano con una frequenza trentennale e i prezzi dei generi alimentari cominciano ad aumentare notevolmente, la gente lo noterà. Se si include nel calcolo l'innalzamento del livello dei mari, uragani come Katrina e Sandy potrebbero diventare fenomeni che ricorrono ogni trent'anni, non una volta ogni cento. Ho perso la mia casa a Waveland, nel Mississippi, durante Katrina. L'ho sperimentato sulla mia pelle.» [110]

Le proiezioni parlano chiaro da tempo: entro il 2050 si prevede che più di mille miliardi di patrimonio immobiliare costiero statunitense finiscano letteralmente sottacqua, quasi il 10 per cento della nostra economia attuale. E questo soltanto per quel che riguarda le coste, senza contare l'ampliamento delle zone alluvionali dei fiumi, le aree dove quasi certamente scoppieranno megaincendi o i terreni agricoli che diventeranno improduttivi. Con il tracollo economico che incombeva, le banche d'investimento di tutto il mondo hanno ritenuto opportuno starsene alla finestra. All'inizio del decennio, mentre il movimento per il disinvestimento dalle fonti fossili si allargava a macchia d'olio, gli investitori si sono precipitati a ritirare i loro soldi da qualsiasi ambito paresse collegato all'emergenza climatica: società di combustibili fossili, aziende di pubblici servizi, assicurazioni, l'agribusiness industriale.[111] Il deprezzamento di abitazioni, imprese e infrastrutture nelle pianure alluvionali e nelle zone costiere a rischio di tutto il pianeta ha provocato in pochi mesi un collasso immobiliare globale: proprio come predetto da Titley. Le compagnie aeree e di navigazione, i produttori di attrezzature per l'industria mineraria, le fabbriche di automobili: ogni settore economico che faceva affidamento su un flusso costante di combustibili fossili rischiava la bancarotta quasi da un giorno all'altro. La "bolla del carbonio", com'era chiamata, stava per scoppiare. Migliaia di miliardi di dollari di terreni e infrastrutture perdevano di colpo ogni valore, mentre le regioni depresse cessavano completamente di fornire servizi pubblici. Il ricorso massiccio alla cassa integrazione e i piani di austerità imposti dal governo tagliavano le risorse e i programmi per le persone che più ne avevano bisogno. Una volta che i mercati hanno iniziato a stabilire il prezzo del tracollo, le assicurazioni hanno intentato causa all'industria dei combustibili fossili per averle mandate in rovina.

Il crac globale dei mercati azionari non era che l'inizio. La recessione è cominciata nello stesso modo: ricorso in massa alla cassa integrazione, austerità. Ma ben presto si è capito che tutto stava per cambiare.

Nei notiziari si era passati dal servizio sporadico sui cambiamenti climatici a dibattiti di intere giornate, con un reportage dopo l'altro a monopolizzare le trasmissioni. Un po' alla volta, il mutamento del clima ha finito per diventare l'origine di tutti i mali della società. Era diventato una questione che riguardava la gente e i suoi sogni perduti.

In tanto subbuglio economico e climatico, un brusco aumento dello scontento popolare ha spinto i governi al punto di rottura. All'improvviso, apparentemente da ogni direzione, l'opinione pubblica esigeva un cambiamento immediato e profondo. Il capitalismo stava implodendo. Stava nascendo una rivoluzione: un ripensamento radicale di ciò che era necessario e uno sforzo ambizioso di stabilire cos'era possibile a dispetto dell'incertezza generale.

«Pensi al programma Apollo» mi aveva detto Titley nel 2014. «Il presidente Kennedy ci ha motivati a mandare un uomo sulla Luna. Quando parliamo del clima, dobbiamo fare il possibile per preparare la scena prima che arrivino gli attori. E questi potrebbero avere un'unica chance di successo. Dovremmo continuare a pensare: come sfruttare al massimo quella sola chance?»

In un simile contesto, il movimento per il clima si è trasformato e unito ai movimenti di protesta in atto in Cile, India, Hong Kong, Haiti, Ecuador, Libano, Catalogna, Bolivia e Papua. Sebbene il dissenso s'incentrasse su questioni diverse, dai movimenti per la democrazia e contro l'austerità a quelli pacifisti e anticapitalisti, le persone mobilitate hanno capito che non era più possibile, o necessario, separare l'emergenza climatica dal proprio vissuto. Gli scioperi dei giovani per il clima si sono allargati in uno sciopero generale globale. Centinaia di milioni di persone scendevano in piazza ogni settimana, protestando per le guerre in Medio Oriente, le violenze della polizia, i pesantissimi debiti studenteschi, l'economia al collasso, la mancanza di un sistema sanitario decente e gli infiniti altri modi in cui veniva loro rubato il futuro. Ma l'emergenza climatica era quella che più attirava l'attenzione.

Se la crisi alimentare era il tizzone ardente che aveva acceso la rivoluzione nella nostra mentalità, gli incendi sono stati la sirena assordante che ha eliminato ogni dubbio circa la profonda realtà dell'emergenza. A Oakland, Spokane, sulla Front Range in Colorado, in Indonesia, in Italia e in Australia, le immagini degli incendi e delle loro conseguenze, che ardevano insieme alla pira funebre della società così come la conoscevamo – le vie principali di piccole città e rioni e perfino alcuni popolosi centri urbani anneriti dal fuoco – si sono impresse nella psiche del mondo. Le fiamme hanno divorato interi ecosistemi, mentre il mondo era sostanzialmente a corto di vigili del fuoco. La tv via cavo trasmetteva all'infinito le storie dei sopravvissuti. La gente avvertiva il terrore puro di un pianeta che ci si era rivoltato contro. E stava a guardare, inorridita e ammutolita, mentre tempeste, incendi, inondazioni e siccità acceleravano una grave recessione economica. Le perdite dirette dovute al solo uragano della Florida ammontavano a oltre mille miliardi di dollari e il fallimento di diverse compagnie di assicurazioni multinazionali ha gettato l'intera finanza mondiale nel caos.

Dall'inizio del secolo, l'intensificarsi di siccità e temperature elevate, unito al fatto che sempre più persone vivono nelle aree boschive, ha creato l'ambiente ideale per megaincendi, non soltanto in California, ma in Portogallo, Grecia, Tasmania, Indonesia, Siberia e innumerevoli altri luoghi in tutto il pianeta. Soltanto in California, cento milioni di alberi sono morti tra il 2010 e il 2020 a causa della siccità e di insetti infestanti spinti verso nuovi habitat dall'innalzamento delle temperature. E intanto che fulmini e temporali continuano ad avanzare verso nord a causa del riscaldamento, gli incendi diventano comuni persino in Groenlandia.

Poiché tutto è collegato, le acque del Pacifico, scaldandosi, hanno alterato il flusso della corrente a getto; il conseguente dirottamento di preziose piogge lontano dall'Indonesia e dall'Australia ha scatenato violente siccità e ondate di calore che hanno reso più probabili gli incendi e accresciuto le emissioni di anidride carbonica, che hanno fatto aumentare le temperature globali che, a loro volta, hanno contribuito a sciogliere ulteriormente i ghiacci artici esponendo acque più scure che assorbivano maggiormente il calore del sole, riscaldando ancor più gli oceani. E questi erano soltanto gli effetti in superficie. Ecosistemi rimasti stabili per millenni prima che l'uomo scoprisse l'energia racchiusa nelle rocce combustibili, quegli stessi ecosistemi dai quali dipende la rete della vita sull'unico pianeta in cui si sappia che esiste, sono stati decimati nell'arco di una vita umana. I nostri cuori non potevano e non possono elaborare un lutto di simili dimensioni.

Nel 2018, il cosiddetto Camp Fire ha cancellato quasi totalmente la città di Paradise, in California, uccidendo ottantacinque persone in pochi minuti: l'incendio più letale della storia statunitense moderna. Qualche settimana prima, un altro incendio, il Carr Fire, aveva infuriato nelle contee californiane di Shasta e Trinity come una vera e propria tempesta di fuoco, diversa da qualsiasi cosa i meteorologi avessero mai visto. Dal terremoto e dagli incendi di San Francisco del 1906 il fuoco non aveva mai divorato così tanto così in fretta. Questi incendi, e decine di altri simili, hanno costretto i californiani a setacciare letteralmente le ceneri delle proprie case e delle proprie vite.

Non si è trattato di incidenti isolati. Dal 2003, la California ha conosciuto nove dei dieci incendi più estesi e devastanti della sua storia. Il rapporto del 2018 del National Climate Assessment rilevava che oltre il 50 per cento della superficie bruciata negli incendi californiani era un risultato diretto dei cambiamenti climatici.

Chi era mandato a combatterli ha finito per rendersi conto che, in certi casi, spegnere gli incendi non era altro che un atto simbolico. Quando l'inferno esplodeva nel giro di pochi minuti e si allargava più in fretta di quanto la gente potesse fuggirlo, il primo compito dei vigili del fuoco era mettere in salvo le persone; rischiare la vita per domare le fiamme diventava secondario.

Per alcune regioni vulnerabili, il fuoco ha continuato a rappresentare una minaccia esistenziale che, in California, ha quasi portato alla rovina la più grande compagnia elettrica dello stato. Nel 2019, come conseguenza diretta del proprio ruolo nel provocare i recenti incendi, la PG&E ha dichiarato fallimento. Nel disperato tentativo di evitarsi ulteriori danni economici, PG&E ha istituito le interruzioni di corrente per la sicurezza pubblica: ripetuti blackout imposti a milioni di persone al culmine della stagione degli incendi.

Quel che è peggio è che il fumo ha probabilmente mietuto almeno dieci volte più vittime delle fiamme del Camp Fire, e non in un anno, ma *ogni* anno. L'inquinamento atmosferico, la conseguenza più letale della combustione di sostanze fossili, già uccideva quotidianamente più di diciannovemila persone in tutto il mondo, e il fumo degli incendi non ha fatto che peggiorare la situazione. La gente inalava le ceneri delle case bruciate nel suo quartiere e ne moriva. Come un fuoco fuori controllo, la morte era diventata contagiosa.

Negli anni Venti, vivere in California presupponeva una componente di dissociazione psicologica. Ho parlato con persone che hanno deciso di andarsene per sempre. Una donna, sopravvissuta al Valley Fire del 2015, mi ha raccontato del suo progetto di trasferirsi in Oregon. «Abbiamo perso la casa, l'abbiamo ricostruita dieci anni fa e adesso, con tutti questi incendi, viviamo in un costante terrore, non ce la faccio più a rimanere qui.»[112]

Lizzie Johnson, una giornalista del *San Francisco Chronicle*, ha raccolto in un libro tutti i suoi articoli sugli incendi. Ciò a cui ha assistito è stato un susseguirsi di tragedie che si aggravavano a vicenda. «[Cominciavi] a chiederti per quanto tempo saresti riuscita a scrivere di quelle cose in modo da interessare i lettori prima che si stufassero e smettessero di preoccuparsene» mi ha detto nel 2018. «A volte provo un senso di disperazione, come se le mie parole fossero inadeguate, perché tutto quello che voglio è che la gente s'interessi a ciò che sta accadendo e lo capisca.»[113]

Quanto è accaduto in California ha permesso di farsi una vaga idea di un futuro terrificante. A ogni nuovo megaincendio la gente credeva che non ne avrebbe mai visto un altro simile. E poi il successivo era peggio. Molto, molto peggio.

«Ho la sensazione che la gente vada scossa dal suo torpore» mi ha detto Johnson nel 2018, «perché capisca che i cambiamenti climatici non sono un problema astratto che non la tocca. Questi incendi sono uno dei primi effetti dei cambiamenti climatici ad avere un impatto profondo e umanitario con cui la gente si può immedesimare, come non può fare con le calotte glaciali che si sciolgono o gli orsi polari che muoiono. Qui a morire sono bambini piccoli, i loro genitori e vigili del fuoco.

«Quest'idea che il problema sia così grande che nessuno può pensare davvero di poterci fare qualcosa... be', è sbagliata. L'unico modo in cui possiamo cambiare rotta è cominciare a curarci di ciò che accade, parlarne e fare pressione sui legislatori perché adottino politiche più rigide.»

A novembre, subito prima delle elezioni presidenziali, è arrivata la condanna a morte del sistema. Un uragano anomalo ha toccato terra nei pressi di Washington durante una seduta d'emergenza del Congresso, fungendo da coronamento poetico e simbolico della peggiore stagione degli uragani che il mondo avesse mai conosciuto.

Era il segnale più chiaro che si potesse immaginare: il nostro sistema non era costruito per resistere alla nuova realtà che stavamo creando. A quanto pareva, stava crollando tutto in una volta.

Nonostante il caos – o, probabilmente, a causa di – un rigurgito di emozioni umane e di atti ispirati di sfida si è incentrato sul futuro. C'è stato un periodo tangibile di cordoglio pubblico, abbiamo rinunciato a sogni e speranze e ci siamo preparati ad abbandonare i vecchi modi di agire. Si stava delineando una nuova strada, scomoda ma necessaria. La gente cominciava finalmente a dar voce a verità che già conosceva: l'impatto dei cambiamenti climatici stava iniziando a disfare, rimescolare e riallineare il mondo.

Eravamo finalmente pronti a un cambiamento trasformativo. Una volta messa seriamente in discussione la crescita fine a se stessa, si è materializzata l'apertura a un sistema nuovo. È iniziata la transizione a un nuovo metodo di valutazione: basato non sulla produzione o sui consumi previsti, bensì sulla capacità di contribuire a sostenere la vita e la civiltà.

«Si prepari a un successo catastrofico» mi aveva avvertito Titley nel 2014. «Voglio dire, guardi quant'è cambiato in fretta in questo paese il modo di discutere dei diritti dei gay. Dieci anni fa, era al massimo un argomento marginale. Adesso è molto più accettato. Se ci concentriamo possiamo fare cose straordinarie. Purtroppo, di solito accade all'ultimo minuto, quando siamo costretti.»[114]

Il successo contro i cambiamenti climatici, semmai ci sarà, assomiglierà alla democrazia. Per costruire un mondo sostenibile e giusto per il prossimo secolo, tutti dovranno partecipare: in particolare coloro che sono stati esclusi per troppo tempo dal processo politico. Una società inclusiva è una società giusta, in cui ci si ascolta a vicenda con interesse sincero.

Chiedersi come dovrà cambiare il mondo per accogliere un miliardo di sfollati climatici entro la fine del secolo è la domanda sbagliata. Dovremmo invece pensare a come il mondo dovrà cambiare affinché nessuno sia più costretto ad abbandonare la propria casa.

È nostro dovere nei confronti gli uni degli altri e di ogni forma di vita stabilizzare i sistemi naturali del pianeta affinché persone che non abbiamo mai conosciuto e creature che non abbiamo mai visto possano crescere sane e felici. Lo facciamo per ciascuno di noi.

Negli anni Venti tutto questo è accaduto molto, molto più in fretta di quanto si sarebbe mai creduto possibile.

Con l'intensificarsi degli scioperi generali, un movimento iniziato con pochi milioni di studenti e di giovani che seguivano l'esempio di Greta Thunberg si è sviluppato in raduni di massa settimanali in quasi ogni grande città del mondo. Alla fine del 2020, scendevano regolarmente in piazza trecento milioni di persone – il 4 per cento della popolazione terrestre –, l'espressione di un desiderio che ha modificato la rotta della civiltà umana. In Europa, le manifestazioni coinvolgevano di solito oltre il 10 per cento degli abitanti – superando di gran lunga il 3,5 per cento della regola di Erica Chenoweth. In tutto il mondo, consigli comunali e assemblee cittadine progettavano percorsi nuovi, quartiere per quartiere, città per città, regione per regione, nazione per nazione.

La visione di Varshini Prakash per il Sunrise Movement è diventata realtà. «Avendo formato una tale, incredibile coalizione di persone, di giovani, di gruppi per la giustizia ambientale e climatica» mi ha detto, «abbiamo radunato un numero enorme di comuni cittadini e di americani che si riconoscono nel Green New Deal e si rendono conto dell'impatto benefico diretto che può avere sulla loro vita.»

Una nuova generazione di politici, introdotta nel 2020, si è distinta per la lotta a favore delle persone, non per aggiudicarsi denaro o potere. Incitati da una cittadinanza impegnata, stanca della vecchia leadership del paese, questi nuovi politici coraggiosi hanno contrastato l'ascesa globale di uomini autoritari e preoccupati soltanto del proprio potere e hanno cominciato a compiere il duro lavoro necessario per affrontare l'emergenza climatica.

«Per la prima volta» mi ha detto Prakash, «abbiamo l'opportunità di far approvare il tipo di politiche necessarie per arrestare la crisi climatica. Un coro di persone in tutto il mondo ha sollecitato le varie nazioni a proteggere il nostro futuro.»

Quando le ho parlato prima delle elezioni, così Prakash mi ha descritto la sua visione per il futuro: «Immagino, subito dopo le elezioni di novembre 2020, una stagione di incendi ininterrotti e una fila di centinaia di persone che portano le ceneri delle case, degli alberi e dei loro luoghi natii e le depongono davanti alle case dei nostri politici. Non è più una faccenda da attivisti. Non si possono più chiamare "attivisti" quelli che agiscono, perché sono talmente tanti da essere diventati un popolo che invoca qualcosa che salvi la nostra società. Sono queste le dimensioni che intendo raggiungere».[115]

La comparsa di una nuova coscienza politica si è combinata a un sentimento crescente nella cultura popolare, a mano a mano che celebrità e artisti hanno dedicato la propria influenza ed energia creativa ad accrescere la consapevolezza dell'emergenza climatica e a spronare il sostegno pubblico a un cambiamento radicale. Lo sviluppo forse più importante è stato l'ascesa negli Stati Uniti di un popolare reality show che poneva una semplice domanda: che facciamo? Era ciò che tutti si chiedevano, ovvio, e i produttori del programma hanno ideato una maniera ingegnosa di trasformare la comune crisi esistenziale in un modo di andare avanti. Riunendo in maniera casuale cento persone – l'equivalente di un'assemblea pubblica cittadina – il cast dello show assomigliava all'America. I partecipanti, insieme, immaginavano come avrebbero voluto il mondo nel 2050 e poi lavoravano a ritroso. Con l'aiuto di decine di esperti, concordavano un percorso di cambiamento che gli Stati Uniti avrebbero potuto intraprendere da subito. Elaboravano una visione ottimista di un futuro che funzionasse per tutti e un piano per realizzarla che chiunque poteva sostenere e che era molto più radicale di quanto la maggioranza dei politici fosse disposta ad ammettere.

Dichiarando, per il fabbisogno energetico del paese, l'obiettivo di essere al 100 per cento a impatto zero alla fine del decennio, hanno richiesto che tutte le aziende di servizi fossero di proprietà pubblica e l'immediata cessazione di ogni sussidio ai combustibili fossili.

I loro rappresentanti avrebbero dovuto investire nelle aree rurali e fondare un istituto interamente finanziato dallo stato per lo studio dell'agricoltura rigenerativa, come pure convertire in legge un programma nazionale di riacquisto delle automobili unito a una vasta riprogettazione urbanistica volta a eliminarle completamente entro il 2040.

Tra le loro richieste, oltre a una settimana lavorativa di quattro giorni, figuravano garanzie universali per gli alloggi, la sanità e l'occupazione, tutte cose che avrebbero contribuito a trasformare l'attuale sistema economico in un'economia completamente circolare entro il 2050.

Infine, doveva essere riconosciuta la sovranità delle popolazioni indigene e venire istituito un fondo permanente per il risarcimento dei danni provocati dall'emergenza climatica.

Quelle idee radicali sarebbero state finanziate con una tassa patrimoniale per i miliardari. Negli Stati Uniti, il piano superava perfino il Green New Deal di Bernie Sanders, di gran lunga il piano più ambizioso mai proposto da un candidato alla presidenza.[116] E la cosa migliore era che economisti di ogni orientamento politico concordavano che il piano si sarebbe ripagato da solo entro il 2030.[117]

Nel gennaio 2021, si è insediato un nuovo presidente che aveva i cambiamenti climatici come priorità fin dal primo giorno. Al termine della prima settimana, il Congresso si è messo al lavoro per approvare gran parte delle idee elaborate dall'assemblea cittadina. Era iniziata una nuova epoca storica.

2022-2023: immaginare un nuovo patto sociale per un mondo in rapida trasformazione

Per realizzare i nostri sogni, è necessario che la democrazia funzioni meglio.

Negli Stati Uniti, una serie di modifiche strutturali apportate nel 2021 ha contribuito a spianare la strada alla rapida trasformazione di ogni aspetto della società. Il Congresso ha bandito ogni forma di pubblicità dell'industria fossile, ha ampliato la Corte Suprema e istituito limiti di mandato per i suoi membri, infine ha abolito l'ostruzionismo al senato.

Washington, DC, è finalmente diventato uno stato e anche i territori insulari controllati dagli Stati Uniti hanno ottenuto la condizione di Stati dell'Unione come riconoscimento della minaccia esistenziale a cui i cambiamenti climatici li esponevano.

Portorico è diventato il cinquantaduesimo stato, le Isole Vergini il cinquantatreesimo. Subito dopo, Guam e le Isole Marianne settentrionali sono state dichiarate il cinquantaquattresimo e cinquantacinquesimo Stato dell'Unione, seguite dalle Samoa Americane.

Alla cerimonia di inaugurazione della nuova bandiera statunitense con cinquantasei stelle, il nuovo presidente degli Stati Uniti ha detto che essa rappresentava l'unità del popolo americano e l'unico obiettivo a cui miravamo: la comune sopravvivenza e la speranza in un futuro migliore per tutti.

Ma, cosa forse ancor più importante, riconoscere gli obblighi nei confronti delle nazioni tribali, che esistevano ben prima della fondazione dello stato, ha consentito di avviare una nuova fase di dialogo volta a ricostruire la fiducia e a condividere i territori che avevamo occupato.

Kelsey Leonard, cittadina della nazione indiana Shinnecock e condirettrice tribale dell'Organismo di pianificazione regionale per gli stati del Medio Atlantico in seno al National Ocean Council statunitense, si è detta convinta che quel passo essenziale avrebbe cambiato tutto, non soltanto per le nazioni indigene come la sua, ma in quanto emblema duraturo di ciò che significa adoperarsi per un rapporto consensuale gli uni con gli altri e con il pianeta che tutti noi chiamiamo "casa". «I princìpi del diritto all'autodeterminazione e del consenso preliminare libero e informato sono racchiusi nella Dichiarazione dei diritti delle popolazioni indigene delle Nazioni Unite» mi ha spiegato. «Decolonizzare significa ben di più che chiedere il permesso di costruire un'infrastruttura quando si è già a metà del processo di progettazione, o riconoscere un territorio. Significa farsi da parte in modi tangibili e misurabili.»

I territori originari della nazione indiana Shinnecock si trovano a Long Island, dove negli ultimi anni si sono costruite turbine eoliche senza il minimo dialogo diretto con la tribù. È la maniera di procedere che, alla lunga, distrugge i rapporti.

«Per quella che è la mia esperienza» mi ha detto Leonard, «noi shinnecock ci siamo ritrovati con una proliferazione dei parchi eolici senza le consultazioni necessarie.» In questo caso, ha aggiunto, lo sviluppo delle energie rinnovabili ha replicato i modelli del colonialismo. «Il modo in cui avviene attualmente lo sfruttamento dell'energia eolica sfugge al controllo delle nazioni indigene degli Stati Uniti. Si è trattato in larga misura di un processo controllato e dominato dallo stato e dai governi federali, che trafficano tra acque statali e acque federali e fuori della zona economica esclusiva. E tutto questo si basa sul presupposto che non esistano acque indigene, ignorando il fatto che non c'è mai stata la cessione allo stato o al governo federale dei diritti sulle acque territoriali e che quindi le licenze vengono date senza il nostro consenso.»

Leonard riconosce l'urgenza di ampliare il ricorso alle energie rinnovabili nel bel mezzo della crisi climatica in cui ci troviamo, tuttavia chiedere agli imprenditori edili di coinvolgere la sua gente fin dall'inizio del processo è un passo importante verso un mondo più equo e sostenibile. «Non penso che le tribù siano contro l'eolico. È il modo di procedere che è sbagliato, nel senso che il collocamento delle turbine non tiene in alcun conto i nostri territori di pesca o le rotte delle canoe, né gli altri aspetti della nostra esistenza politica o culturale che hanno a che fare con l'area occupata adesso dalle turbine.»[118]

Controversie del genere non esistono in una cultura basata sull'attenzione e sul consenso. Mentre il mondo entrava in un'epoca di cambiamenti radicali, abbiamo imparato come svolgere contemporaneamente il lento lavoro di costruire rapporti reciproci.

Immagina come sarebbe se ogni famiglia, ogni quartiere, ogni fattoria, ogni città, ogni nazione sulla Terra si adoperasse per un mondo migliore.

In Portorico il cambiamento è stato rivoluzionario. L'uragano Maria ha rappresentato il peggior disastro della sua storia: un supertifone che ha fatto precipitare l'isola in una crisi umanitaria. Nel 2022, a cinque anni di distanza, si stava lentamente realizzando un cambiamento trasformazionale. La condizione di stato federale ha consentito ai portoricani di avere voce nel proprio futuro e risorse per una ricostruzione che ha iniziato a richiamare in patria i membri della diaspora.

Marisol LeBrón, docente all'università del Texas di Austin, mi ha detto che, per prosperare davvero, a Portorico serviva la sovranità sia politica sia economica. «La questione, in tutti i Caraibi e in America latina, è che la sovranità politica senza quella economica crea soltanto nuove forme di dominazione imperialista. Senza sovranità economica, la sovranità politica non ha alcun senso. Una vera decolonizzazione significherebbe concedere a Portorico risarcimenti per oltre un secolo di colonizzazione da parte degli Stati Uniti e per secoli di colonizzazione spagnola, nonché risarcimenti per i secoli di estrazione e sfruttamento. Altrimenti, Portorico non sarà mai in grado di ricostruire in un modo che promuova l'eguaglianza e la giustizia per le persone che ci vivono.

«Una delle cose a cui ho assistito spesso dopo l'uragano è stata la nascita di collettivi su piccola scala che hanno fatto a meno dello stato. Gente comune che provvedeva alla gente comune, cercando di soddisfarne le esigenze. Un impegno che va avanti da dieci anni e che ha fatto sempre più presa a mano a mano che le persone si rendevano conto della situazione e del fatto che lo stato, così com'era, non avrebbe provveduto a loro né le avrebbe protette dalle crisi in atto.»[119]

La cancellazione del debito, come pure un piano, atteso da tempo, per finanziare la ricostruzione delle abitazioni e delle infrastrutture distrutte da Maria, hanno reso possibile ai portoricani immaginare un futuro di speranza, libero finalmente dalle pastoie del passato coloniale.

Intanto, nel 2023, i leader mondiali si sono riuniti di nuovo in Europa per una valutazione globale dei progressi fatti dalla ratifica dell'Accordo di Parigi. La conferenza era piena di tensioni e scontri aperti circa i percorsi che le società stavano seguendo in quella fase di rapidi mutamenti.

A dispetto degli evidenti progressi compiuti negli Stati Uniti, il mondo doveva potenziare gli impegni presi a Parigi, che purtroppo si erano dimostrati insufficienti. I paesi si sono accordati per una revisione dell'emergenza prima di una nuova conferenza globale sul clima nel 2025.

Verso la fine delle due settimane di sedute, la delegazione statunitense si è spaccata. L'industria fossile aveva ancora molto potere, nonostante il rapido declino dovuto al fatto che le sue azioni erano sempre più spesso considerate immorali e perfino illegali. Per la Cina, la Nuova via della seta – il tentativo di estendere il proprio potere e la propria influenza su gran parte del mondo – è diventato un punto chiave di negoziazione. L'Unione Africana e l'Unione Europea hanno tenuto discorsi sui risarcimenti per il colonialismo.

È vero che gli Stati Uniti avevano fatto molta strada dalla fine degli anni Dieci del Duemila, ma altri paesi erano giustamente scettici. All'improvviso, una svolta: le isole Marshall hanno contribuito a mediare l'impegno internazionale per un Piano Marshall globale, diretto dalle nazioni in via di sviluppo e finanziato in maniera proporzionale da ogni stato del mondo sulla base delle emissioni storiche di gas serra; un programma venticinquennale da parecchie migliaia di miliardi di dollari volto a riportare in equilibrio l'umanità.

Quel Piano Marshall globale era l'iniziativa più ambiziosa mai intrapresa dall'uomo. Il suo obiettivo principale non era la stabilità economica e nemmeno la riduzione delle emissioni, bensì uno sforzo di venticinque anni per donare alle generazioni future un pianeta florido. L'accordo era intenzionalmente vago – l'intero testo constava di sole otto pagine – ma il suo potere stava nell'istituzione di un sistema di colloqui vincolanti all'interno di ogni nazione e tra tutti i paesi della Terra. In ogni città grande e piccola si dovevano discutere, a livello di comunità, percorsi stabiliti localmente che fossero in linea con l'obiettivo di 1,5 °C fissato a Parigi. Finalmente, eravamo in grado di decidere il nostro futuro da soli, tra di noi.

A mano a mano che i piani cominciavano ad affluire, è risultato evidente che ciò che stava accadendo andava ben oltre i sogni degli organizzatori marshallesi. Si sono spese migliaia di miliardi di dollari per la ricerca sulle energie rinnovabili e l'agricoltura, sono state costruite decine di migliaia di chilometri di linee ferroviarie ad alta velocità e distribuiti semi per gli orti domestici e l'agricoltura di sussistenza. Inoltre sono state adottate misure di sostegno per insegnanti, medici e artisti. La gente era pronta per un cambiamento rivoluzionario.

2024-2029: il Green New Deal diventa globale

A metà degli anni Venti si è affermato un movimento globale incentrato sul difficile compito di reimmaginare i rapporti tra di noi e con il pianeta. Una serie di vittorie legali ha conferito l'autorità necessaria per riformare, in tempi rapidi, il terreno di gioco.

Quanto in fretta si potevano cambiare le vecchie regole? Un tribunale internazionale avrebbe potuto imporre l'equità intergenerazionale? Si potevano intentare cause penali contro gli amministratori delegati delle società di combustibili fossili, ritenendoli legalmente responsabili di crimini contro l'umanità?

Sul finire del 2019 c'era stata una svolta che aveva cambiato il terreno di gioco da un giorno all'altro: la Corte Suprema olandese aveva dato ragione a Urgenda, un'associazione ambientalista dei Paesi Bassi che sosteneva che il mancato impegno a contrastare i cambiamenti climatici rappresentava una violazione dei diritti umani.[120] In tutto il mondo, dal Perù al Canada, decine di cause simili hanno aperto differenti percorsi legali ad ambiziose azioni a favore del clima.[121] Alla fine degli anni Venti, quei verdetti obbligavano i paesi a rivoluzionare le loro economie per garantire un pianeta abitabile.

Il caso *Juliana vs. Stati Uniti*, in particolare, ha una trama degna di un film Disney: nel 2015, un gruppo di ventuno ragazzini (e dei loro avvocati) aveva fatto causa affermando che il governo federale, con le sue politiche climatiche permissive, aveva violato i loro diritti costituzionali alla vita e alla libertà e avrebbe dovuto adottare un piano scientifico di riduzione delle emissioni.[122]

Al centro della causa c'era il principio dell'equità intergenerazionale. In sostanza, i ventuno querelanti asserivano che il rifiuto del governo federale a prendere provvedimenti seri contro i cambiamenti climatici anteponeva illegittimamente il benessere delle generazioni presenti a quello delle generazioni future. È una terribile ingiustizia che dei bambini debbano crescere chiedendosi se il pianeta in cui vivono diventerà incapace di sostenere la vita in tutte le sue belle forme.

Nel 2020, tuttavia, il caso è stato rigettato dal Nono tribunale distrettuale d'appello. Esprimendo con parole forti il suo dissenso, la giudice di corte distrettuale Josephine Staton ha scritto: "In questo procedimento il governo accetta il fatto che gli Stati Uniti hanno raggiunto un punto critico che esige una risposta concertata, eppure continua ad avanzare a passo spedito verso il disastro. È come se un asteroide stesse per colpire la Terra e il governo decidesse di chiudere le nostre uniche difese. Cercando di annullare questa causa, il governo ribadisce, senza giri di parole, il proprio potere assoluto e incontestabile di distruggere la nazione considerando che i querelanti chiedono niente di meno che prevenire la rovina della nazione, già solo una sospensione parziale e temporanea rappresenterebbe un risarcimento significativo che, analogamente ai decreti di desegregazione e alle ordinanze carcerarie a livello statale che la Corte Suprema ha approvato, convaliderebbe i diritti costituzionali dei querelanti".[123]

Nel 2024, i ragazzi hanno ripresentato la loro causa con un'argomentazione legale leggermente diversa: chiedevano di mettere fuori legge dal primo gennaio 2030 l'uso di combustibili fossili negli Stati Uniti perché in violazione dei diritti costituzionali dei giovani. In tal modo, gli ultimi quattro anni di rapidi progressi verso un Green New Deal sarebbero stati racchiusi nel documento legale fondamentale che governa il paese. Contro ogni previsione, i ragazzi hanno vinto la causa. Nella propria sentenza, la Corte Suprema citava il caso Urgenda, legando per sempre l'azione climatica e i diritti civili nella giurisprudenza americana. Nell'intera economia statunitense è iniziato all'istante un periodo di rapida decarbonizzazione.

Michael Burger, direttore esecutivo del Sabin Center for Climate Change Law alla Columbia University, aveva predetto qualcosa di simile quando ci avevo parlato nel 2019. «L'idea di un intervento della Corte penale internazionale sembra alquanto inverosimile, ovviamente. L'idea che degli individui possano essere ritenuti responsabili penalmente per le azioni aziendali nei confronti della civiltà umana industriale e postindustriale è, direi, improbabile. Ma se si tratta di atti ben precisi, si può fare qualcosa. Per esempio, se è diventato un reato emettere gas serra. Il problema del procedimento penale è che il reato deve essere messo per iscritto e chiaramente articolato. Perciò bisogna crearli, quei reati.»

È più probabile, aveva aggiunto, che gli Stati Uniti istituiscano una sezione del ramo esecutivo, il cui compito è quello di difendere esplicitamente le generazioni future. Era proprio l'intento del caso Juliana, che però ha ottenuto ben di più. La sentenza della Corte Suprema del 2024 ha scatenato un'ondata di leggi e azioni esecutive che hanno consolidato la responsabilità dell'America a rimediare ai danni climatici che ha causato per secoli al mondo intero.

«Proprio adesso, siamo in un momento in cui alcune azioni legali, come il caso Urgenda in Olanda, e potenzialmente altri, stanno stabilendo che le costituzioni nazionali o le normative regionali in merito ai diritti umani proteggano gli individui dai cambiamenti climatici e obblighino i governi a fare più di quel che fanno. Perciò ci potrebbe essere un assalto ai tribunali di tutto il mondo per dire: "Non aver elaborato un piano climatico adeguato a raggiungere l'obiettivo del grado e mezzo è una violazione del nostro diritto costituzionale alla vita". E i tribunali potrebbero sentenziare: "È vero. Dovete fare di più". Perciò mi sembra possibile, dopotutto.»[124]

A mano a mano che i sistemi giuridici di tutto il mondo cominciavano a spostarsi dalla parte dei giovani e delle generazioni future, niente avrebbe più potuto fermare l'azione per il clima.

In India, ad animali, uccelli e fiumi è stata riconosciuta la qualità di persona giuridica e un tribunale ha deliberato che andavano tutelati limitando i danni dei cambiamenti climatici.[125] Analogamente, nelle Isole Cook i tribunali hanno sentenziato che l'oceano Pacifico meritava una protezione pari a quella riservata agli esseri umani.[126] Finalmente, la Terra godeva di una tutela legale che ne sanciva il valore insostituibile.

Nel 2030 forse stenteremo a ricordare com'era la vita negli anni Dieci.

Il decennio dal 2020 al 2030 sarà tanto un periodo terrificante quanto un'epoca d'oro per l'umanità. Niente di simile è mai accaduto prima. Con un po' di fortuna, niente di simile sarà di nuovo necessario. Ci uniremo – alcuni spontaneamente, altri perché non avranno più scelta o scuse – per prendere le decisioni migliori nel migliore interesse del pianeta. Capiremo come, mostrando ciò che è possibile, ciò che si può fare a chi cerca disperatamente delle soluzioni, potremo garantire alle generazioni future un mondo che non sia in procinto di andare in malora.

Se faremo ciò che dobbiamo, nel 2030 negli Stati Uniti le emissioni nette potrebbero essere appena il 10 per cento di quelle che erano nel 2020. Globalmente, potrebbero diminuire del 40 per cento. Usciremo dallo spazio liminale della catastrofe climatica in un mondo ancora incerto ma che ha invertito la rotta e sta tornando verso la vita.

2030-2040: una gestione radicalmente responsabile

Viviamo nel capitalismo, il cui potere è apparentemente ineludibile. Eppure, anche il diritto divino dei re lo era. L'uomo può opporsi a ogni forma di potere umano e cambiarla. Il nome della nostra bella ricompensa non è profitto. È libertà.

URSULA K. LE GUIN

Quando si parla di azione climatica, ci si limita all'elaborazione e all'esecuzione di un piano per ridurre drasticamente le emissioni, ma questo, in realtà, è soltanto l'inizio.

Ci serve di più delle sole energie rinnovabili. Ci serve di più che abbattere l'industria fossile e il capitalismo. Ci serve sviluppare un tipo completamente nuovo di società umana.

Se ci concentriamo soprattutto sulla sostituzione delle automobili a benzina con quelle elettriche, è segno che non abbiamo colto l'essenza del problema e ci stiamo avviando a ricreare lo stesso sistema che ci ha cacciato in questo pasticcio. Nella fase di cambiamento trasformativo che stiamo attraversando dobbiamo cominciare a porci domande fondamentali, per esempio: Com'è una vita buona e come può essere possibile per tutti? Sappiamo che ciò che deve cambiare è quasi tutto quello che costituisce la società odierna: l'edilizia, i trasporti e la produzione di energia che caratterizzano le nostre città e metropoli, ma anche la nostra democrazia, il nostro sistema giudiziario e la maniera in cui valutiamo noi stessi e gli altri.

Non ho idea di come sarà, però so come scoprirlo: è facile quanto ascoltare. È così che si realizzerà una nuova politica, un modo nuovo di relazionarci tra di noi. È questa la differenza tra l'*energia* rinnovabile e un'*economia* rinnovabile.

Gli anni Trenta del Duemila – l'alba dell'era successiva al raggiungimento del picco nelle emissioni globali – saranno cruciali per il destino della civiltà quanto lo sono gli sforzi attuali di cambiare corso in modo radicale e urgente. Molto prima che le sabbie bituminose, lo sviluppo urbano e l'agricoltura industriale diventino vestigia del passato, dobbiamo iniziare a mettere insieme un modello di ciò che verrà.

Maniere rivoluzionarie di guardare il mondo – come la concezione progettuale della biomimesi, che comporta l'attenta osservazione del funzionamento della natura – ci condurranno dai nostri sistemi attuali a sistemi che funzionano davvero per tutti. Per la stragrande maggioranza della popolazione terrestre, è probabile che la vita in un'economia sostenibile sarà più ricca, piacevole e appagante di quella sotto il capitalismo.

Per molti, si tratta di un concetto radicale. La vita negli anni Trenta apparirà diversa da com'è adesso nel tardo capitalismo, quando disuguaglianza, razzismo e povertà colossali hanno reso lampante che il sistema è concepito per funzionare per poche determinate persone, e probabilmente non per te. Rimpiazzare il sistema attuale sarà una dura lotta. Ci inimichiamo le industrie più ricche e potenti della storia mondiale, ma abbiamo dalla nostra parte la vita stessa.

Dopo un rivoluzionario cambiamento di mentalità negli anni Venti, saremo pronti per il duro lavoro di rendere obsoleti i combustibili fossili e di liberarci dagli stili di vita che sfruttano intensivamente la Terra in favore di strutture concepite per mettere al primo posto la salute nostra e del pianeta.

Con la guida dell'America e uno spirito di giustizia è possibile eliminare quasi del tutto i combustibili fossili nel breve periodo. Gli Stati Uniti hanno raggiunto il picco delle emissioni nel 2005, durante il secondo mandato di George W. Bush, soprattutto a causa del passaggio dal carbone al metano. Entro il 2035 l'economia statunitense potrebbe essere totalmente a impatto zero, con la transizione dal metano alle energie rinnovabili. La Cina, il maggior produttore di emissioni di gas serra, si avvia a raggiungere il picco intorno al 2030 e subito dopo potrebbe iniziare una rapida diminuzione. Questo, più o meno, è il lasso di tempo che la scienza reputa necessario per evitare un sistema climatico che si surriscalda in modo incontrollato.

Quel lasso di tempo non comprende soltanto la trasformazione completa a una produzione energetica a impatto zero mediante una miscela di eolico, solare, geotermico e idroelettrico. Non comprende nemmeno la sola eliminazione dei motori a combustione interna da tutte le automobili, i camion, i treni, le navi e gli aerei. Comporta anche il duro lavoro, di cui poco si parla oggi, di trovare alternative all'uso dei fertilizzanti chimici a base di sostanze fossili in agricoltura e di procedimenti nuovi per la produzione del cemento. Si tratta di rifare, e con urgenza, la nostra intera economia.

Un simile cambiamento non è possibile senza lasciarsi alle spalle il capitalismo. Il modello della crescita perpetua semplicemente non è fatto per un'epoca di rapidi mutamenti planetari. In un mondo in cui le ottantacinque persone più ricche della Terra possiedono quanto i tre miliardi e mezzo dei meno ricchi, e il 10 per cento più abbiente produce il 49 per cento delle emissioni, non sono le scelte individuali a indurre i cambiamenti climatici. Nel momento in cui capiremo che i ricchi ci hanno sottratto l'abitabilità del pianeta, pretenderemo cambiamenti rivoluzionari. La chiusura sistematica delle industrie dei combustibili fossili e la simultanea costruzione di un sistema energetico decentralizzato sono intrinsecamente anticapitalistiche, ma rappresentano soltanto il primo passo. Per ottenere la liberazione sociale ed economica in un'epoca di catastrofi climatiche dobbiamo spingerci molto oltre.

La vita dopo il capitalismo

Se ciò che fai da secoli ti ha portato sull'orlo dell'estinzione di massa, forse è ora che provi qualcosa di nuovo.

Per realizzare il futuro che vogliamo, dobbiamo considerare opzioni che esulano dal nostro sistema attuale. Kate Raworth pensa di avere un principio di risposta. Nel suo libro *L'economia della ciambella* del 2017, reimmagina come potrebbe essere l'economia globale nel XXI secolo. Un'economia circolare, come lei la descrive, dà la priorità al benessere dell'umanità e al contempo rispetta i nostri limiti planetari.

Il grafico a ciambella di Raworth ci aiuta a visualizzare una zona operativa sicura per una società umana florida su un pianeta dalle risorse limitate. Il cerchio centrale rappresenta, tra le altre esigenze, l'equità e la giustizia: indicatori non negoziabili di una civiltà sana. L'anello esterno rappresenta gli indicatori ambientali che, se non controllati, minacciano la nostra esistenza. La sua idea è semplice e rivoluzionaria: mantenere la società all'interno della ciambella, nella zona sicura di mezzo da cui scaturirà un mondo fiorente.

«In un'economia circolare, o ciclica, lo scarto non esiste» mi ha raccontato Raworth. «È soltanto una risorsa nel posto sbagliato. Ciò vale per l'anidride carbonica quanto per la plastica usa e getta. Lo scarto di un processo alimenta il successivo.»[127]

Pensalo come una forma di riciclaggio, ma sotto steroidi. Non soltanto riuseremo tutto, ma trasformeremo ogni nostro processo produttivo e industriale in modo da rendere obsoleto il concetto stesso di scarto. Per raggiungere il nostro obiettivo dobbiamo diventare una società incentrata culturalmente sulla riparazione e la manutenzione, anziché sull'innovazione e l'efficienza.[128]

«Il sistema industriale attuale, lineare e degenerativo, è quello che prende, fabbrica, usa e getta: prendiamo i materiali, ne facciamo ciò che vogliamo, li usiamo per un po' e poi li buttiamo.» Una società che elimina il concetto di scarto, mi ha detto Raworth, non tratta più i suoi membri come oggetti usa e getta.[129]

Benché la presentazione di Raworth sia originale e stimolante, l'idea di vivere entro i propri mezzi è tutt'altro che nuova. L'economia circolare ha molti nomi – "economia rigenerativa", "decrescita" – ma è in sostanza un'applicazione specifica della sostenibilità incentrata sulla soddisfazione delle esigenze anziché dei desideri. A differenza delle filosofie e teorie economiche dell'abbondanza – come il transumanesimo, l'ecomodernismo o il comunismo di lusso totalmente automatizzato (FALC), nelle quali si aumenta l'automazione per raccogliere i benefici della produttività record dei lavoratori – un'economia circolare dà meno importanza alla crescita fine a se stessa. Poiché la scarsità esiste, soprattutto nel lasso di tempo necessario per la rapida trasformazione della società in risposta ai cambiamenti climatici, la spinta per un mondo migliore deve avere al centro i princìpi di equità e giustizia. Riconoscendo che ogni essere vivente conta e che in questo momento la vita stessa è a rischio, l'economia circolare di Raworth minimizza gli scarti per massimizzare la capacità del sistema di provvedere a tutti.

Ricoprire il deserto di pannelli solari o riempire le strade di auto elettriche non è una soluzione sostenibile più di quanto la monocoltura sia una soluzione per la fame nel mondo. Né una *carbon tax*, da sola, ha la capacità di riformare il capitalismo. Tali meccanismi basati sul mercato non fanno che rafforzare lo status quo che ci ha messi in questo guaio confidando nella logica viziata che più è meglio. Decrescita non significa austerità, bensì avere fiducia che l'unico pianeta nell'universo conosciuto in grado di ospitare la vita avrà di che provvedere più che a sufficienza per tutti se soltanto ne abbiamo cura.

Raworth diceva che la sua idea della ciambella ha aiutato a formulare il tipo di soluzioni che vanno adottate. E, ancor più, potrebbe essere un'applicazione pratica di un cambiamento nella filosofia operativa della stessa civiltà umana. Ci siamo allontanati da una concezione della natura come una risorsa utilizzabile all'infinito e avvicinati a un'idea più in linea con un'interpretazione ecologica dell'uomo come parte di un sistema interconnesso. Un'economia circolare, profondamente radicata nella giustizia e nell'uguaglianza, è ciò che potrebbe riportare tutto in equilibrio.

Il sistema economico che emergerà negli anni Trenta del Duemila inizierà con la ciambella, ma potrebbe finire per essere diverso da qualsiasi cosa consideriamo in questo momento. Alcune idee chiave che cominciamo già a mettere a fuoco potrebbero contribuire a formare le parti fondamentali di una possibile società futura. Il nostro lavoro, ciò che creiamo, e i nostri rapporti saranno integrati in una realtà nuova.

Poiché la parola "capitalismo" si porta dietro un bagaglio inutile, Raworth ritiene che andrebbe eliminata, non soltanto corretta. Invece di sostituirla con "socialismo" o "comunismo" o un altro termine insidioso, mi ha detto: «Ripensiamo semplicemente la prosperità e chiediamoci che tipo di economia ne risulterebbe. Sceglieremmo di abbandonare i vecchi "-ismi" del passato».[130]

Comunque la si voglia chiamare, o quali che siano le

politiche che conterrà, come sarà la nostra prossima economia cominciamo già a capirlo.

Come sarebbe passare a un'economia della decrescita?

Oggi, attuare simili idee radicali può spaventare. E perché attecchiscano rapidamente, le idee devono essere chiare e saper ispirare. Condividendo l'obiettivo di migliorare l'esistenza, anziché rendere i ricchi sempre più ricchi, avremo la chiarezza morale necessaria per questa nuova fase della storia.

L'Uganda potrebbe diventare un banco di prova per l'introduzione di nuovi metodi agricoli che privilegino la diversità delle specie e le colture perenni. Le sue fabbriche potrebbero iniziare a produrre alternative vegetali alle plastiche che poi sarebbero esportate in tutto il continente grazie a una nuova rete di treni ad alta velocità.

In Iran si potrebbe avviare il passaggio dalla produzione di combustibili fossili alla fabbricazione di cemento a zero emissioni, mentre le università del paese si potrebbero specializzare nello sviluppo di nuovi stili architettonici che consentirebbero una rivoluzione nelle pratiche edilizie di tutto il mondo.

Le isole caraibiche potrebbero abbandonare le loro economie altamente instabili e sfruttatrici basate sul turismo in favore di una vita sulle coste con forti legami comunitari e spirito di resilienza. Potrebbero contribuire a introdurre nuove forme di energia del moto ondoso in grado di fornire elettricità a ogni città costiera della Terra con un basso impatto ambientale.

Negli Stati Uniti, le vecchie fabbriche di Detroit potrebbero rientrare in funzione come fulcro dell'economia verde del secolo. Vi si potrebbe produrre quasi tutto ciò che alimenta la transizione a un'economia a impatto zero, almeno in una certa quantità, dai vagoni ferroviari destinati all'Uganda agli scaldabagni elettrici per la città. La popolazione di Detroit potrebbe raddoppiare e perfino superare il suo massimo storico di quando l'economia locale era imperniata sulle auto che bevono molto.

Nelle cittadine e nelle metropoli di tutto il mondo, dall'India al Perù, all'Egitto, crescerebbe l'entusiasmo a mano a mano che gli uomini troveranno uno scopo comune nell'adoperarsi per evitare la catastrofe costruendo il tipo di società che ci meritiamo da sempre.

Ecco cosa Raworth immagina sarà necessario perché visioni del genere diventino realtà:

> Entro il 2040 avremo iniziato a rientrare nella ciambella. Non avremo eliminato tutte le miserie umane, né saremo tornati sotto le 350 parti per milione, ma avremo cominciato a riportarci davvero all'interno di quello spazio. Quindi la domanda è: quali sono le dinamiche economiche da attuare?
> Innanzitutto, vivremo in un mondo in cui i governi non si alzeranno più in piedi per tenere discorsi sullo stato della nazione incentrati sul PIL e sui suoi minuscoli aumenti incrementali, il 2,0 o il 2,3 per cento questo trimestre? Quella sarà acqua passata. Avremo governi

> che saranno tenuti a riferire come stiamo andando in termini di maggior soddisfacimento dei bisogni sociali di ognuno. Le politiche che abbiamo attuato cominceranno a riportarci all'interno di tutti i vari confini planetari. Perciò non si tratterà soltanto dei cambiamenti climatici, bensì di un pianeta prospero, con un'opinione pubblica meglio informata e governi e imprese in grado di discutere di questi confini planetari.
>
> Negli ultimi anni siamo diventati esperti dell'impronta climatica (la cosiddetta *carbon footprint*), ma entro il 2040 saremo esperti dell'impronta ambientale sulla base dei confini planetari... Quest'immagine della ciambella, o qualcosa di molto simile, sarà il parametro del successo.
>
> Saremo in grado di scorgere un legame ben più stretto tra le politiche odierne e il futuro. I governi dovranno rispondere molto di più dell'impatto sociale ed ecologico delle loro azioni...
>
> Non si parlerà di crescita, ma di prosperità. Avremo cambiato la metafora fondamentale di ciò che riteniamo essere il progresso economico.[131]

Per avviare la rapida transizione a una società che funzioni per tutti nel bel mezzo di una catastrofe climatica sempre più grave, dobbiamo immaginare un'alternativa che sia più allettante – perfino per i capitalisti! – del nostro sistema attuale.

Dopotutto, l'obiettivo di liberarci dei cambiamenti climatici non è soltanto sopravvivere ma prosperare. Adottare il Piano Marshall globale potrebbe aiutarci a riequilibrare l'economia mondiale al punto che il divario tra paesi ricchi e poveri comincerà ad assottigliarsi rapidamente, introducendo nel dialogo miliardi di nuove voci, speranze e sogni. Tutt'a un tratto, il sapere trasformativo affluirebbe da ogni parte e una pluralità di opinioni, cibi, abiti, meme e culture conferirebbe alla nostra esistenza una ricchezza mai vista nella storia umana. Ecco come sarebbe la liberazione.

Secondo Raworth, il motore di questo passaggio di visioni sarà, almeno in parte, la democratizzazione radicale dei mezzi produttivi:

> Le tecnologie hanno l'opportunità senza precedenti di andare più a fondo e dire: «Non vogliamo soltanto ridistribuire il reddito. Vogliamo pre-distribuire le fonti di creazione della ricchezza, pre-distribuire l'accesso alla creazione, condivisione e costruzione del nostro sapere». Anziché centralizzare i profitti per l'uno per cento, ciò creerebbe un flusso più distributivo nell'economia, migliorando la salute e l'equilibrio in termini di ridimensionamento della proprietà delle imprese e di reinvestimenti nelle economie locali. Condivisione globale delle idee, ma produzione locale.[132]

Raworth parla di una "economia della gestione responsabile", un cambiamento di mentalità da produzione-consumo a co-creazione e condivisione. Questo è l'ottimismo inerente di un'economia della decrescita. Un simile cambiamento radicale richiederà che instauriamo e manteniamo rapporti reciproci come mai prima. Adotteremo la cooperazione anziché la competizione perché capiremo quanto si sta meglio in un mondo che coopera come un sistema.

Per luoghi come Portorico, l'India e l'Uganda, gli effetti secolari della colonizzazione si cominceranno a invertire, in modo attivo, attraverso l'autodeterminazione politica ed economica, i risarcimenti e un'azione climatica aggressiva.

Considerando la vita oltre il capitalismo, ci rendiamo conto che il nostro è un momento di distruzione e creazione contemporanee; e così dev'essere per identificare le idee e le concezioni marce del vecchio sistema in base al quale abbiamo operato per secoli: la società colonialista, estrattiva, dominata dai maschi bianchi che favorisce soltanto un certo tipo di persone a spese, letteralmente, di tutti gli altri, compresi gli ecosistemi planetari. Dovremo intraprendere un processo di distruzione attiva di quel paradigma e realizzare un sistema totalmente diverso.

Una società relazionale fondata sulla fiducia e sul consenso anziché sul dominio non nasce da sola, va promossa. Raworth ha parlato degli economisti del XXI secolo come di giardinieri, piuttosto che di ottimizzatori di documenti di analisi contabile. Tutti noi, e non soltanto coloro che hanno più potere, dovremmo partecipare a definire le questioni chiave della nuova società, e questo richiede un mondo basato sul dialogo che sia costantemente rigenerativo e, come principio fondante, si prenda cura di ogni forma di vita. Immaginiamo come potrebbe essere.

2030-2032: la democrazia diretta per l'era dei cambiamenti climatici

I primi anni Trenta del Duemila hanno richiesto decisioni importanti, che gli abitanti del mondo hanno dovuto prendere in gran fretta. L'urgenza del momento e l'entità delle nostre azioni precedenti, messe insieme, ci hanno costretto a reimmaginare un modo di praticare la democrazia in un mondo globalmente connesso.

Il processo decisionale decentralizzato e la democrazia diretta sono diventati una nuova realtà su una scala che mai avremmo ritenuto possibile. Dopo il successo delle decisioni prese a livello locale dal Piano Marshall Globale alla fine degli anni Venti, sulla Terra si è diffuso un nuovo spirito di ottimismo. I leader di ogni parte hanno iniziato a fare ciò che era necessario, non soltanto ciò che era possibile. Insieme, abbiamo superato i rischi del pensiero a breve termine che il capitalismo aveva contribuito a favorire nel XX secolo e che ci aveva impedito di intervenire in maniera sensata sui cambiamenti climatici.

Abbiamo iniziato a concepire la democrazia non come uno strumento per approvare automaticamente i desideri dei ricchi e potenti, ma come un motore dell'autodeterminazione fino alla scala locale, grazie a una fiorente cultura di assemblee di cittadini. Nei primi anni Trenta, alcune delle assemblee che hanno conseguito il maggior successo si sono svolte in India, l'epicentro emergente tanto del disastro climatico quanto delle sue soluzioni. Per l'India, la più grande democrazia del pianeta, questo periodo ha significato un primo passo necessario, benché irto di difficoltà, per garantire che fosse tenuta in considerazione la voce di ognuno.

Anche in migliaia di sale riunioni degli Stati Uniti, la gente si è incontrata per accordarsi direttamente sui particolari delle trasformazioni in corso. Pian piano, ma con crescente sicurezza, ci siamo liberati delle sacche centralizzate di potere e di profitti radicati, il che ci ha consentito di decentralizzare e ridistribuire i mezzi di produzione per incentivare una più equa rappresentanza nel paese e, alla fine, nei sistemi economici di tutto il mondo. Abbracciare un'economia rigenerativa ci ha permesso di risanare il clima e, nel mentre, ripristinare la giustizia.

In questo decennio, mentre gli Stati Uniti, la Cina e i paesi di tutta Europa riducevano le emissioni, l'India – ormai la nazione più popolosa – diventava il maggior emettitore di gas serra ed era, sotto ogni aspetto, più vulnerabile che mai ai fenomeni meteorologici estremi.

Durante il quarto decennio del secolo, l'India era colpita da ondate di calore prolungate e sempre più intense, classificate tra gli eventi meteorologici estremi più letali del pianeta. A Kolkata tali fenomeni si verificavano ormai ogni anno, ma anche i residenti di Mumbai, Delhi e Chennai erano regolarmente tormentati da periodi di caldo estremo. Nel complesso, in India più di 800 milioni di persone erano esposte a temperature potenzialmente letali come parte della loro esistenza quotidiana.

Mentre l'India fronteggiava l'incubo sempre più probabile della colonnina di mercurio prossima ai 77 °C entro la fine del secolo – temperature a cui l'uomo non può sopravvivere e mai sperimentate sulla Terra in almeno cinquanta milioni di anni – i suoi cittadini si sono mobilitati e hanno dichiarato, come un sol uomo, che l'aria condizionata era un diritto fondamentale che spettava ai 300 milioni di indiani che ancora non l'avevano, insieme al diritto all'elettricità, alla sanità, all'alloggio e al reddito universale di base.

Con il passaggio alle democrazie dirette e a un vasto insieme di reti di sicurezza sociale, l'India si è affermata come il fulcro morale della geopolitica globale, offrendo a nazioni di tutto il mondo un modello funzionante di come attuare politiche che mettano al centro comunità precedentemente emarginate e, di conseguenza, producano sia un'economia più rigenerativa sia una società più egalitaria. Ogni decisione crea vincitori e vinti e, finalmente, l'enorme numero di persone sistematicamente escluse per secoli da una vita decente hanno cominciato a vincere.

Svariati paesi africani hanno seguito l'esempio dell'India e attuato politiche simili per garantire che i 600 milioni di persone senza elettricità fossero finalmente collegate al resto del mondo. L'Africa, per tanto tempo vittima del colonialismo e delle sue pratiche estrattive e sfruttatrici, si è affermata negli anni Trenta del Duemila come un esempio di pace, prosperità e speranza. Alla fine del decennio, la maggioranza delle nazioni africane erano ormai considerate a medio reddito.

Analogamente, vent'anni dopo l'uragano Maria, Portorico ha iniziato a beneficiare della ricchezza e delle risorse che gli erano sempre state sottratte. Il lavoro intrapreso negli anni Venti, dopo il disastro, dal movimento per la giustizia ambientale, con la gestione di banchi alimentari e il recupero di edifici abbandonati per restituirli agli abitanti come spazi comunitari, è stato ripagato nella forma di fiorenti economie locali.

Secondo la professoressa Marisol LeBrón, «subito dopo l'uragano la gente si è organizzata, dicendosi: "A prescindere dagli interventi del governo federale o degli enti locali, cercheremo di fare quanto necessario per proteggerci e rendere le nostre comunità resilienti e sicure". E le persone [hanno cominciato a pensare] a modi nuovi di realizzare tutto questo».

Nell'intera isola, la gente ha preso l'iniziativa e affrontato i problemi associati ai cambiamenti climatici e alle fragilità sociali e ambientali esacerbate dall'uragano Maria. «La gente ha cominciato a cercare di prendere in mano la situazione a livello comunitario» mi ha spiegato LeBrón, «con opere in scala ridotta, con il lavoro lento e difficile di informare meglio le persone sull'ambiente e sul loro impatto su di esso.»[133] I residenti di Portorico hanno capito che stava a loro recuperare il territorio e combattere per l'indipendenza energetica, perché la successiva catastrofe climatica avrebbe potuto colpirli in qualunque momento. Al tempo stesso, hanno contestato il neoliberalismo e il suo presupposto che i cittadini possano e debbano cavarsela con poca assistenza da parte dello stato. Hanno preteso, in massa, che lo stato continuasse a fornire alle comunità locali le risorse e i servizi necessari per riprendersi e prosperare. Questa richiesta di collaborazione reciproca era al centro del processo di decolonizzazione, rimandato da troppo tempo, che si è verificato negli anni Trenta del Duemila in tutto il mondo, da Portorico, all'India e all'Africa. Nei paesi che avevano conosciuto la colonizzazione, come il Canada, gli Stati Uniti e il Messico, i governi hanno iniziato a restituire le terre alle nazioni indigene alle quali erano state sottratte.

2033-2038: la costruzione di un mondo nuovo

Negli anni Trenta del Duemila, in tutto il mondo sviluppato e in via di sviluppo ogni aspetto della società ha subìto cambiamenti rapidi e duraturi. Poiché era quello che l'IPCC aveva indicato come necessario nel 2018, è esattamente ciò che è stato fatto.

Negli Stati Uniti ci siamo resi conto che preferivamo trascorrere del tempo insieme piuttosto che conservare ciò che avevamo, e così lo stile di vita della casa unifamiliare in una zona residenziale, dove le automobili erano indispensabili, ha cominciato a diventare obsoleto. Votando in un milione di consigli comunali e assemblee urbanistiche regionali in tutto il paese, la gente ha accettato di cambiare la destinazione d'uso dei propri quartieri. Il principale sogno sono diventate le case bi- e trifamiliari e sempre più persone sono andate a vivere accanto ad amici e parenti anziché dall'altra parte della città o della nazione. Ingenti investimenti nei trasporti pubblici e nelle piste ciclabili hanno reso gli spostamenti più economici, sicuri ed efficienti. Piccole imprese e botteghe sono tornate a fiorire.

Nel mondo in via di sviluppo, l'impatto sempre peggiore del clima e il persistente inquinamento atmosferico, idrico, acustico e del suolo, dovuto a un'economia basata sui combustibili fossili, hanno convinto i governi a dare la priorità alla salute e al benessere pubblici diventati i punti fondamentali su cui investire i cospicui risarcimenti ottenuti dalle compagnie e dai paesi responsabili della crisi: denaro arrivato dopo aver vinto sfide legali e attuato gli accordi raggiunti ai summit delle Nazioni Unite durante gli anni Venti. La costruzione di nuovi ospedali, scuole, biblioteche, parchi e centri culturali – le fondamenta di ciò che rende la vita degna di essere vissuta – ha spianato il terreno di gioco a quanti, per secoli, si erano trovati dalla parte svantaggiata dell'economia globale. In gran parte del mondo, l'esperienza quotidiana di adattarsi ai cambiamenti climatici ha fatto sì che un maggior numero di persone fosse in grado di sopravvivere e prosperare in maniere che non erano mai state possibili sotto il capitalismo. Integrate da un miliardo di nuovi posti di lavoro in tutto il pianeta, decine di migliaia di miliardi di dollari sono state investite nelle comunità locali con un unico obiettivo: riorganizzare la civiltà umana in modo che funzionasse per tutti.

Negli anni Trenta del Duemila, ormai i due terzi della popolazione mondiale vivevano in città; si rendeva quindi necessario un nuovo approccio.

La mia città, Saint Paul nel Minnesota, ha elaborato un piano urbanistico negli anni Dieci, preparandosi a una trasformazione radicale entro gli anni Quaranta. L'ho vista realizzarsi intorno a me. Saint Paul si descrive come "la città più vivibile d'America", ma qui il clima è diventato sempre più estremo, proprio come ovunque. Per la fine del secolo, se niente cambia, il numero di giorni roventi triplicherà e la violenza dei nubifragi aumenterà del 50 per cento.

Per giungere a una completa trasformazione, la mia città ha iniziato a prendere provvedimenti per

- elettrificare e rimodellare ogni edificio così da usare esclusivamente energie rinnovabili;
- installare parchi fotovoltaici di proprietà delle comunità;
- ridurre del 40 per cento gli spostamenti in auto mediante l'eliminazione dei parcheggi, l'introduzione di pedaggi urbani e l'abolizione delle autostrade;
- consentire l'uso di automobili elettriche autonome, bici e scooter elettrici per l'ultimo chilometro del tragitto;
- aggiungere centinaia di chilometri di piste ciclabili e marciapiedi su ogni strada e ridurre i rifiuti dell'80 per cento.

Paragonabile per portata e ambizione ai piani adottati a New York e nelle città californiane, l'iniziativa di Saint Paul – nel cuore del Midwest – ha dimostrato al resto del paese che città a impatto zero erano possibili. Il suo successo ha avviato provvedimenti simili negli Stati Uniti e all'estero. Al di là del fiume, Minneapolis si è fatta avanti con un progetto a breve termine per una ristrutturazione totale: la prima grande città della nazione ad approvare l'eliminazione di tutte le villette unifamiliari.

Nel 2033, quando i miei ragazzi andavano al liceo, una nuova tranvia ha iniziato ad attraversare il nostro quartiere, Highland Park.

Un vecchio stabilimento di montaggio della Ford in fondo alla strada è stato riconvertito in un quartiere completamente nuovo, pedonale, ciclabile, a impatto zero: un progetto edilizio completato negli anni Quaranta.

A mano a mano che la visione di una Saint Paul libera dalle automobili diventava realtà, nessuno viveva a più di quattrocento metri da un nodo di interscambio dove poter ricaricare gli scooter elettrici o prendere l'autobus; nessuno doveva più combattere con il traffico: un'utopia dei trasporti.

Nei primi anni Trenta, mentre gli Stati Uniti cominciavano ad attuare un Green New Deal ampliato, abbiamo iniziato a concentrarci su modi per generare empatia e unità che avrebbero favorito la resilienza delle comunità in un'epoca di continui cambiamenti.

Nel 2018, in occasione del suo discorso inaugurale come primo sindaco afroamericano di Saint Paul, Melvin Carter ha parlato del suo difficile ruolo di collegare il passato e il futuro della città. Rondo, il quartiere in cui Carter era cresciuto – e dove si trovava la casa dei suoi nonni – era stato parzialmente demolito negli anni Cinquanta del Novecento per far posto all'Interstate 94 e non si era più ripreso. Carter però immaginava un futuro migliore. «Temiamo che equità significhi dover voltare le spalle a chi se la passa bene» ha detto in quell'occasione, «che biciclette, densità e trasporti cambieranno i nostri quartieri. Temiamo di dover scegliere tra conservare le tradizioni care ai nostri genitori e costruire la città che i nostri figli meritano. Capisco questi timori. La superstrada è costata tutto alla mia famiglia, perciò sono il primo ad ammettere che il cambiamento può far paura.»[134]

Rondo aveva una storia più che secolare come fiorente centro della cultura nera. Nel 1934, la Federal Housing Administration (l'ente preposto al controllo delle condizioni di erogazione di mutui ipotecari per l'edilizia abitativa) aveva fissato direttive discriminatorie per i prestiti che tracciavano letteralmente delle linee rosse sulle mappe delle città di tutto il paese, compreso Rondo, per delimitare le aree, per lo più nere e a basso reddito, ritenute ad alto rischio per le banche. Questa discriminazione sui mutui ha avuto un impatto pluridecennale su Saint Paul, come sulla maggioranza delle altre città, e ha dato l'impressione che quei quartieri fossero sacrificabili a infrastrutture che andavano quasi esclusivamente a beneficio della maggioranza bianca. Per troppo tempo ai quartieri a basso reddito sono mancati marciapiedi adeguati e percorsi pedonali, in parte perché le amministrazioni cittadine li hanno convertiti in strade di accesso per i ricchi residenti delle periferie. Di conseguenza, la gente di colore rimaneva scettica nei confronti dei grandiosi progetti di infrastrutture presentati da ambientalisti bianchi. Tuttavia, a mano a mano che negli anni Trenta tali progetti hanno cominciato a portare beneficio a tutti, a prescindere dalla razza o dall'estrazione socioeconomica, la percezione della gente è mutata.

Il Green New Deal prevedeva politiche propositive di uguaglianza e giustizia per riparare a secoli di emarginazione e razzismo, non soltanto a Saint Paul, ma nelle città e comunità di tutto il Midwest, della East e West Coast.

Nel 2033, il progetto di eliminazione della superstrada nell'ambito del piano climatico di Carter ha contribuito a restituire in parte ciò che era stato tolto con le discriminazioni sui mutui e la cultura dell'automobile alla fine del XX secolo. Era nato un nuovo Rondo, un esempio tangibile del fatto che non è mai troppo tardi per correggere gli errori passati e andare avanti, insieme. Oltre al suo piano di rimozione delle strade carrabili, Carter ha ricevuto finanziamenti federali per ricostruire i quartieri demoliti decenni prima con una nuova garanzia universale degli alloggi. Per quel lavoro, e per infiniti altri, sono stati assunti abitanti di Saint Paul con la garanzia di una completa tutela sociale, che comprendeva assistenza sanitaria gratuita, studi universitari gratuiti e un reddito universale di base che avrebbe fornito a ogni persona degli Stati Uniti i mezzi fondamentali di sussistenza, così che potesse dedicare il proprio tempo a perseguire i suoi sogni. Abbiamo cominciato a adoperarci per restituire non soltanto i quartieri sottratti ai neri ma anche i territori rubati alle popolazioni indigene centinaia di anni fa. Nel 2040, Saint Paul era ormai un modello di città che funzionava per chiunque.

«Tutti noi discendiamo da una lunga linea di immigrati e profughi che hanno superato difficoltà incredibili per trovare la speranza a Saint Paul» aveva detto Carter in quel lontano 2018. «La città bella ed eterogenea che i nostri avi hanno costruito per noi è il nostro lasciapassare per il futuro.»[135]

Così si presentavano, in pratica, la decolonizzazione e il cambiamento trasformativo negli anni Trenta del Duemila.

Sulla West Coast, mentre l'epoca dei megaincendi si protraeva, la gente si trovava di fronte a una decisione difficile: restare o andarsene? Il mutato andamento delle precipitazioni e del caldo aveva indotto gli ecosistemi locali a spostarsi verso nord a una velocità allarmante: decine di volte più in fretta di quanto gli scienziati avessero previsto. Senza un cambiamento radicale nel modo di costruire le case e dove i californiani avrebbero perso un numero crescente di città e quartieri ai margini dei boschi a causa di incendi incontrollabili.

Che cosa ci voleva perché la California uscisse vittoriosa dalla lotta contro il fuoco, anziché fallire miseramente?

Per evitare di precipitare in un caos incandescente erano necessarie modifiche durature alla vita dei singoli individui e cambiamenti altrettanto duraturi nella maniera in cui i californiani concepivano il proprio stato. Ripensare come e dove costruire si è dimostrata una delle sfide più grandi degli anni Trenta.

«Costruire in un bosco con una storia di incendi probabilmente [non era] la migliore delle idee» mi aveva detto Lizzie Johnson, la cronista che si occupava degli incendi per il *San Francisco Chronicle*, anni prima che la California cominciasse a cambiare. «Dobbiamo smetterla di credere che l'uomo sia in grado di opporsi alla natura, perché a un certo punto non è più possibile. Dobbiamo ammettere la nostra debolezza.»

Secondo Johnson, la chiave di questa diversa mentalità stava, come sempre, nel rendersi conto di avere il potere di cambiare. «Forse può essere quel momento nei libri di storia in cui scrivono: "Le cose si stavano mettendo davvero male in California e c'erano quei giganteschi megaincendi". Forse la gente riandrà al 2018 e lo studierà perché non ci saranno altri anni simili da studiare.»[136]

Lavorando insieme, gli abitanti della California e i loro rappresentanti locali e statali hanno attuato enormi cambiamenti nel modo di coltivare la terra e di creare e preservare comunità intorno a essa. Il governo della California, mentre continuava a impegnarsi a utilizzare energia pulita al cento per cento e a raggiungere la neutralità climatica entro il 2045, ha aumentato i finanziamenti per i programmi di repressione degli incendi e di gestione dei combustibili in tutto lo stato. Al contempo, gli abitanti delle zone ad alto rischio, da Pasadena a Paradise, si sono dedicati alla prevenzione, riducendo la vegetazione intorno alle proprie case e costruendole con materiali ignifughi, come mattoni di produzione locale e il calcestruzzo a zero emissioni di carbonio. Tali azioni collettive e individuali hanno aiutato ad affrontare meglio gli incendi futuri e a ridurre le emissioni di anidride carbonica, un tema costante per tutto il decennio.

Poiché in quei dieci anni le città hanno continuato a crescere ovunque, abbiamo potuto adottare pratiche edilizie e urbanistiche che riconoscevano l'emergenza climatica in atto e ne affrontavano le implicazioni più urgenti. Il costante impegno a reimmaginare gli spazi urbani, da Atlanta a Seattle, si è concentrato sulla demolizione delle infrastrutture in calcestruzzo esistenti, con effetti immediati dimostrati, a breve e a lungo termine, sulla riduzione delle alluvioni e delle ondate di calore.

Il cemento – l'ingrediente principale del calcestruzzo – è il materiale più utilizzato in assoluto nella nostra civiltà. Si produce riscaldando rocce calcaree ad altissima temperatura, con un duplice rilascio di anidride carbonica: come sottoprodotto della reazione chimica dovuta al riscaldamento e come risultato della combustione di sostanze chimiche per ottenerlo.

Le pavimentazioni di parcheggi, strade e edifici peggiorano gli effetti del calore eccezionale e delle inondazioni. Meno calcestruzzo significa più spazi verdi e quindi più giardini pubblici e meno morti dovuti ai fenomeni meteorologici estremi. Una maggiore densità edilizia, con tetti verdi, renderà le città più pedonabili e libere dalle auto.

Ci siamo resi conto che il sistema più rapido per arrivare a un mondo a zero emissioni di anidride carbonica era mettere fine alla pratica di bruciare dinosauri morti per scaldarci e produrre energia e passare immediatamente all'elettricità per alimentare ogni forma di trasporto, riscaldamento e raffreddamento. Più elettricità generavamo da fonti a impatto zero, più economica ed efficiente ne diventava la fornitura, il che contribuiva a una migliore qualità dell'aria e dell'acqua e a una distribuzione più ampia della proprietà dell'energia in tutto il paese. Questi sforzi hanno offerto nuove opportunità di lavoro e favorito l'ascesa di nuove industrie verdi, che hanno rivitalizzato comunità un tempo emarginate con alloggi sostenibili e a prezzi accessibili e un numero crescente di infrastrutture a impatto zero.

Benché le emissioni continuassero nei settori dov'era difficile ridurle, come quello siderurgico, negli anni Trenta ha cominciato a prendere forma un impegno nazionale a decarbonizzare anche quelle industrie, responsabili di quasi il 25 per cento delle emissioni totali nel 2020. Nello spirito del tempo, abbiamo investito in prodotti alternativi in grado di controbilanciare tali emissioni, nonostante le persistenti difficoltà tecnologiche e i maggiori costi. Infatti, era cruciale combattere l'anidride carbonica prodotta nel processo di estrazione e produzione dei minerali ferrosi grezzi. Non potevamo più permetterci il lusso di non agire.

Il forno elettrico ad arco, un elemento fondamentale dell'economia circolare emergente, ha iniziato a sostituire i forni usati nelle raffinerie, soddisfacendo così una percentuale enorme della domanda mondiale di acciaio mediante il riciclaggio del vecchio, come già si faceva, ma adesso con un'elettricità a impatto zero al cento per cento. Un analogo boom di grattacieli in legno lamellare a strati incrociati ha ridotto di molto la domanda di acciaio, portando ben presto l'economia globale in equilibrio con ciò che ci potevamo permettere di produrre stabilizzando al contempo il clima. Il legno lamellare a strati incrociati, ricavato da sezioni di alberi di piccolo diametro incollate insieme, sviluppa una forza simile all'acciaio e al cemento con un peso molto minore. Questo impiego del legno trasforma gli edifici in luoghi di immagazzinaggio del carbonio, invertendo totalmente l'impatto climatico del processo edilizio. Uno studio ha appurato che l'uso del legno per costruire un grattacielo di 120 metri poteva ridurne l'impatto ambientale del 75 per cento.[137]

Uno spirito di sperimentazione e creatività ha caratterizzato questo decennio di reinvenzione radicale. Vecchi paradigmi e pratiche antiquate che mantenevano lo status quo hanno ceduto il posto a pratiche trasformative che incoraggiavano persone di ogni luogo a reimmaginare come il mondo avrebbe potuto funzionare se avessimo collaborato. Questo spirito, che ha conquistato il cuore e la mente dell'opinione pubblica, era radicato in una motivazione collettiva dinanzi a una crisi esistenziale: una cultura internazionale dell'empatia.

Negli anni Trenta del Duemila cominciavamo ormai a essere consapevoli che un mondo migliore era possibile perché lo vedevamo realizzarsi intorno a noi.

Dalla democrazia all'economia, abbiamo iniziato a considerare ciò che l'emergenza climatica significava per il nostro prossimo, a prescindere da dove viveva. Abbiamo operato scelte avendo a mente il suo interesse, non soltanto il nostro, un processo altruistico che sembrava impossibile soltanto un decennio prima. Col senno di poi, cambiare il modo di concepire i viaggi è stata una delle cose migliori che abbiamo fatto.

Mentre abolivamo tutti i trasporti basati sulla benzina e sul petrolio, abbiamo anche iniziato ad abolire completamente i viaggi in aereo. O, quanto meno, i viaggi in aereo come li concepivamo un tempo. Il trasporto aereo era l'attività con il maggior consumo di combustibili fossili, a eccezione di quelli nello spazio. Globalmente, l'aviazione era la fonte di emissioni in più rapido aumento e, in assenza di cambiamenti importanti, l'industria aeronautica sarebbe cresciuta di un altro 700 per cento entro il 2050: un incremento più che sufficiente a vanificare da solo ogni nostro sforzo di rispettare l'obiettivo climatico del grado e mezzo. Negli anni Dieci, un solo volo di andata e ritorno da una parte all'altra del paese emetteva la stessa quantità di anidride carbonica prodotta in un anno intero da un cittadino dell'India. La relativa comodità, efficienza e convenienza del trasporto aereo ce lo facevano preferire ad altre forme di mobilità. Pianificare autonomamente un viaggio intercontinentale era spesso facile quanto prendere un Uber o ordinare un pasto con Just Eat. Eppure era anche un lusso sempre più difficile da giustificare, nonostante la maggioranza dei nostri famigliari e amici fossero sparsi per il mondo.

Il primo passo è stato cancellare i posti business e di prima classe che occupavano dal 30 al 40 per cento dello spazio sugli apparecchi; e, subito dopo, aumentare le tasse sui jet privati. Alla fine ci siamo resi conto della necessità di attuare a poco a poco una moratoria sui viaggi aerei almeno finché non fossimo riusciti a realizzare batterie più leggere per compensare le emissioni dei combustibili per aviogetti, ma per allora quasi ogni città del mondo disponeva di opzioni di mobilità a impatto zero, comode e a prezzi contenuti, tra le quali scegliere. Persino provvedimenti considerati risolutivi, tipo compensare le emissioni piantando alberi, si sono rivelati problematici e insostenibili nel bel mezzo dell'emergenza climatica. Quegli alberi, che avrebbero occupato gli stessi terreni necessari all'agricoltura di sussistenza nei paesi in via di sviluppo, sarebbero dovuti sopravvivere decenni per tenere fuori dall'atmosfera l'anidride carbonica emessa durante un unico volo di due ore. Ben presto è emerso che l'opzione migliore era rinunciare ai viaggi in aereo per una questione di solidarietà, proprio come la Greatest Generation* fece a meno dello zucchero durante la Seconda guerra mondiale.

* Il termine è usato per descrivere gli americani che, nati tra il 1900 e il 1920 e cresciuti durante la Grande depressione, combatterono nella Seconda guerra mondiale o contribuirono a vincerla con il loro lavoro. (N.d.T.)

Naturalmente, tutte queste restrizioni, messe insieme, crearono la domanda di un trasporto a lunga distanza veloce, affidabile e comodo. Per fortuna, gli Stati Uniti avevano i soldi per finanziarlo.

Dopo uno sforzo decennale, e un investimento di centinaia di miliardi di dollari, all'inizio di questo decennio gli Stati Uniti stavano per completare una rete ferroviaria ad alta velocità di livello mondiale e un fiorente sistema di treni supersonici. I transatlantici per il trasporto passeggeri sono tornati rapidamente in auge: la nave più veloce, la *Greta Thunberg*, era in grado di compiere la traversata da New York a Londra in appena due giorni. Viaggiare era di nuovo divertente, un'avventura fatta di esplorazioni ed esperienze, se non di efficienza, che tutti noi ci godevamo con orgoglio e senza sensi di colpa. Intanto, riunioni d'affari virtuali immersive hanno sostituito gli incontri faccia a faccia e la tecnologia ha cominciato a competere perfino con le vacanze nel mondo reale. Perché spendere tempo ed energie per varcare fisicamente l'oceano quando potresti visitare città come Parigi, Londra e Tokyo – e destinazioni interplanetarie come Marte – in un pomeriggio? Ma, ovviamente, abbiamo continuato a viaggiare. Quando ci si sposta, però, l'efficienza e l'automazione dell'economia circolare, combinate al reddito universale di base e alla settimana lavorativa di quattro giorni, fanno sì che quasi tutti abbiano ormai il tempo di viaggiare senza fretta. Le alternative al trasporto aereo sono state così gradite che difficilmente volare ci manca. Ci rilassiamo su treni e navi, interagiamo con le persone in un ambiente più spazioso e accogliente. Il viaggio ha cominciato a battere la destinazione. In futuro, vedremo il mondo e incontreremo persone di ogni luogo, favorendo la connessione e i rapporti umani, in modi che una volta ritenevamo impossibili o scomodi. Costretti a reimmaginare i motivi e i mezzi della mobilità su lunghe distanze, abbiamo rivoluzionato i nostri sistemi di trasporto considerando – per la prima volta dall'invenzione degli aerei di linea – le maniere migliori di spostarci fisicamente nello spazio e nel tempo.

Il mondo è diventato più piccolo e noi ci siamo avvicinati di più gli uni agli altri nelle nostre comunità. Ci scambiamo liberamente le idee e condividiamo gli spazi in modi nuovi che rispettano e incentivano un senso palpabile di appartenenza e unità in una visione comune della Terra che sarà.

Nel 2035 le emissioni globali hanno finalmente iniziato a diminuire rapidamente, scendendo di più del 50 per cento rispetto ai livelli del 2020. Anche se la temperatura saliva ancora, siamo riusciti a evitare l'aumento di 1,5 gradi. Eravamo nel mezzo del Grande Calo, un periodo di rinascita che ci permetteva di ridurre le emissioni mediante azioni individuali e collettive. E in nessun altro ambito questi sforzi erano più evidenti – o più necessari – che nel nostro approccio all'agricoltura.

Ben oltre le automobili e gli aerei, oltre il riscaldamento e l'illuminazione delle nostre case, perfino oltre la produzione siderurgica, il principale impatto della presenza dell'uomo sul pianeta deriva da ciò che mangiamo. Suolo, acqua, cibo e carbonio, intimamente connessi, formano la base dell'esperimento umano, lungo diecimila anni, di coltivare vegetali. Sistemi alimentari controllati dalle comunità e basati sulla biodiversità erano la norma in tutto il pianeta fino allo sfruttamento dei combustibili fossili che, nel XX secolo, ha scatenato una corsa alla meccanizzazione e a un'agricoltura sempre più in mano alle multinazionali. Dal momento in cui la si è considerata una rendita finanziaria per i fondi speculativi, la terra è stata gestita per massimizzare i profitti trimestrali, non la salute del suolo o la qualità degli alimenti che vi si coltivavano. Nonostante i progressi tecnologici sbalorditivi della prima metà del XXI secolo – i campi in Arizona vengono livellati con il laser e s'impiega il GPS per evitare che anche una sola goccia d'acqua vada sprecata – l'approccio industriale all'agricoltura, basato sempre sulle stesse monocolture, è stato talmente privo di immaginazione da aver devastato gli ecosistemi locali e sconvolto gli ambienti naturali dell'intero pianeta.

L'agricoltura, e in particolare l'allevamento, ha completamente trasformato la superficie terrestre e rimane una delle cause più gravi che ci hanno portato sull'orlo dell'estinzione di massa, consumando la metà della terra coltivabile del mondo e l'80 per cento delle acque dolci. All'inizio degli anni Venti del Duemila, mentre l'India era alle prese con l'esaurimento delle sue acque freatiche, il numero di indiani che vivevano senza disporre regolarmente di acqua potabile si avvicinava al mezzo miliardo. Intanto, estese inondazioni, siccità e ondate di calore minacciavano i raccolti globali, e mentre il tasso di evaporazione cresceva in misura esponenziale con l'aumento delle temperature, gli agricoltori attingevano ancora di più dalle riserve idriche mondiali per produrre la stessa quantità di raccolti. Negli Stati Uniti il riscaldamento ha fatto crescere la domanda di acqua a livelli insostenibili e, a mano a mano che le condizioni meteo diventavano più incostanti, le comunità agricole abituate a livelli prevedibili di precipitazioni erano costrette ad attingere dalle falde freatiche in cerca di una parvenza di stabilità. Tanta incertezza ha spinto al suicidio migliaia di agricoltori sia negli Stati Uniti sia in India.

A causa dell'attività umana, all'inizio del XXI secolo i cicli del suolo, dell'acqua, del carbonio e dei nutrienti erano ormai quasi irriconoscibili. La biogeochimica, la scienza che li studia, ha cominciato a richiamare l'attenzione sulle fasi iniziali di un collasso totale dei sistemi planetari di sopravvivenza, tale da preludere a un'estinzione di massa. Paragonando le condizioni dei terreni coltivabili allo stato degli oceani di 252 milioni di anni fa, i biogeochimici avvertivano che si era prossimi a un'altra Grande Moria: un monito spaventoso che il mondo cominciava finalmente a prendere sul serio.

Dal Cuore d'America ai campi dell'Uganda, abbiamo iniziato a imparare a sopravvivere entro i limiti planetari praticando una forma di agricoltura rigenerativa anziché estrattiva.

Il rapido abbandono degli allevamenti industriali, unito a un boom nella qualità delle alternative vegetali alla carne, ha spianato la strada a un ripensamento dell'agricoltura. Come il fuoco è essenziale per la salute degli ecosistemi boschivi, così gli animali che brucano sono necessari per la salute dei pascoli, ma il nostro modo di procedere nell'ultimo secolo era completamente sbagliato.

Nel Kansas, le stagioni prendono il nome dalle attività agricole che vi si svolgono – la stagione della fienagione, della figliatura o del raccolto – reliquie di un tempo in cui lavoravamo insieme alla natura anziché cercare di manipolarne i cicli. Pur mantenendo uno spazio per la caccia di sussistenza e l'allevamento in scala ridotta di animali di grossa taglia, gli agricoltori hanno cominciato a sbarazzarsi dei modelli fallimentari del passato per produrre un futuro migliore. Le conversazioni sul meteo tra amici avvenivano nei campi e sui pick-up, consigli e parole d'incoraggiamento tra persone che condividevano una storia comune. Queste conversazioni erano necessarie per aiutare gli agricoltori a compiere la transizione dall'agricoltura industrializzata a un rapporto più duraturo, perenne con la terra, che ha anche dato inizio alla zootecnia e all'ecologia delle piante di una nuova era sul nostro pianeta.

In tutto il mondo si stavano affermando movimenti per i diritti dei contadini finalizzati a strappare il controllo delle terre alle multinazionali per restituirlo alle persone che ci vivevano e lavoravano. Piccoli proprietari di aziende agricole di sussistenza – per un totale di due miliardi – hanno riaffermato i loro diritti sui propri terreni e cominciato a adottare i sistemi agricoli che funzionavano meglio per loro stessi e le loro comunità.

Analogamente, i ricercatori del Kansas tendevano a una visione totalmente diversa dell'agricoltura. Il Land Institute, con sede a Salina, lavorava da decenni alla perennializzazione delle colture, andando verso sistemi ecologici e sociali in grado di amplificare gli sforzi degli uomini, delle piante e degli animali. Concependo l'agricoltura meno come una produzione industriale e più come un'attività di cura, l'istituto ha coltivato varietà perenni e alternative ai cereali industriali, come frumento e granturco, nel tentativo di immaginarne l'inserimento in future comunità del Kansas che lavorassero al fianco della natura con un approccio più olistico.

Sul finire degli anni Trenta del Duemila, in tutte le High Plains le praterie originarie sono state ripristinate, e poiché il terreno erboso immagazzina il carbonio molto più in fretta e per periodi più lunghi rispetto alle foreste, i proprietari terrieri hanno cominciato a guadagnare catturando il carbonio nel sistema radicale profondo dei loro pascoli. Ne è derivato un boom economico. Gli agricoltori hanno investito il sovrappiù in fattorie eoliche e solari. Dal Kansas al Canada, città rurali in declino da tanto tempo tornavano a nuova vita.

A quel punto eravamo ben avviati verso l'attuazione del Green New Deal ampliato per l'America rurale: reimmaginare come sono gli ecosistemi sani e le comunità sane quando cooperano. L'agricoltura è un impegno per il futuro, dopo tutto. È un modo tangibile di mandare doni ai tuoi discendenti. Anche chi non faceva l'agricoltore ha partecipato. In ogni parte del paese, in città tanto diverse quanto El Paso e Sherman Oak, la gente ha cominciato a trasformare i prati, la cui erba nel 2020 riceveva più acqua del granturco, del frumento e dei frutteti messi insieme. I prati riversavano nell'ambiente decine di milioni di chili di fertilizzanti e pesticidi ogni anno e consumavano circa la metà di tutta l'acqua urbana degli Stati Uniti. Riqualificandoli, abbiamo migliorato contemporaneamente la disponibilità e la qualità del nostro approvvigionamento idrico, la cattura del carbonio, la produzione alimentare e il nostro personale godimento dell'ambiente che ci circonda. Azioni semplici, come piantare un noce in un cortile, fornivano dieci chili di cibo l'anno, per un valore di diecimila dollari in cinquant'anni. E un prato seminato a timo serpillo produceva una bella area verde calpestabile che non necessitava di essere innaffiata.

Su una scala più vasta, il più recente parco nazionale americano, una distesa pianeggiante di 1600 chilometri dal Texas al Nord e Sud Dakota, popolata di mandrie di bisonti allo stato brado, catturava altri cento milioni di tonnellate di carbonio all'anno e proteggeva la falda acquifera di Ogallala, in esaurimento, per le generazioni future.

L'era dell'agricoltura rigenerativa seguita alla reinvenzione degli spazi urbani rispecchiava la struttura cooperativa e reciprocamente benefica degli ecosistemi locali e avviava il tipo di lavoro generazionale che contribuiva a invertire gli effetti dei cambiamenti climatici, in America e nel resto del mondo, con interventi grandi e piccoli.

Nel 2018, Aubrey Steit Krug, direttore del progetto di studi sull'ecosfera del Land Institute, mi descriveva i possibili effetti della cosiddetta "permacultura": «Vedremo cambiamenti nell'uso e nella copertura del suolo. E vedremo anche, penso, persone che aderiscono a movimenti collettivi, che vivono e studiano in comunità eterogenee che hanno la capacità di resistere una stagione dopo l'altra. Proprio come la prateria. Se la svolta verso la perennializzazione può avvenire ovunque, mi chiedo, perché non qui?».[138]

Tuttavia, nulla reggeva il confronto con il continuo deterioramento del pianeta.

Per tutti gli anni Venti e Trenta del Duemila, mentre lavoravamo alla ricostruzione di una società più equa e giusta, ancora non riuscivamo a incidere sul livello dei cambiamenti climatici che avevamo provocato con la nostra sconsideratezza e le nostre pratiche estrattive di un tempo. Anticipare ciò che poteva ancora andare storto rimaneva un elemento centrale del nostro impegno, intanto che seguitavamo a elaborare piani di resilienza che lasciavano spazio all'impensabile, compreso il venir meno delle principali calotte glaciali artiche e antartiche.

Il riscaldamento dell'Alaska, unito all'innalzamento delle temperature in tutto l'Artico, accelerava, mentre la perdita della copertura di neve e ghiaccio avviava un circolo vizioso di ulteriore riscaldamento. Da inizio secolo, le temperature invernali erano aumentate di più di 4 °C nell'Artico e, globalmente, avevano superato per un breve periodo la soglia del grado e mezzo di incremento, nonostante la drastica diminuzione delle emissioni umane. Per quanto il sistema climatico reagisca con lentezza, i danni che avevamo prodotto ormai si facevano sentire ed erano aggravati dalle altre emissioni dovute allo scioglimento del permafrost nell'Artico. Durante l'estate del 2039 nel Mar Glaciale Artico non c'era ghiaccio per la prima volta in più di centomila anni.

Lungo la costa artica del Nord America, a Utqiaġvik (già Barrow), in Alaska, il passaggio a un clima diverso è avvenuto quasi da un giorno all'altro. Nella tundra si verificavano regolarmente dei temporali. Nel 2016, l'anno più caldo nella sua storia documentata, Utqiaġvik aveva conosciuto un periodo incredibile di cento giorni consecutivi di temperature superiori alla media. Mentre i ghiacci si ritiravano dalle coste, vi affluiva l'umidità dell'oceano aperto e la tundra cominciava a sostenere in maniera spontanea un ecosistema animale e vegetale totalmente nuovo.

In tutto l'Artico gli oceani, riscaldandosi, contribuivano a sciogliere il ghiaccio marino e questo afflusso di aria calda ha deviato la corrente a getto, con il conseguente cambiamento perenne del clima nell'intero emisfero boreale. È stato dimostrato che l'uragano Sandy, che ha provocato un'inondazione senza precedenti nella città di New York, si è potuto verificare in quel modo proprio a causa dei mutamenti climatici nell'Artico.

A mano a mano che le regioni polari del paese si riscaldavano in maniera irreversibile, i principali ghiacciai dell'Antartide e della Groenlandia si scioglievano a ritmo accelerato. Anziché in un secolo, come previsto dagli scienziati, ci si aspettava ormai che quei ghiacciai scomparissero nel giro di qualche decennio. Il rapido afflusso di acqua dolce proveniente dalla Groenlandia e dall'Antartico ha inceppato il grande nastro trasportatore oceanico che fa circolare il calore tra i tropici e le latitudini temperate medie, cosa che ha provocato un forte aumento dei supertifoni come Sandy per il tentativo di compensazione dell'atmosfera.

In una remota regione dell'Antartide, nota come baia di Pine Island, a 4000 chilometri dalla punta del Sud America, due ghiacciai – Pine Island e Thwaites – continuavano a tenere in ostaggio la civiltà umana. Estendendosi su una pianura ghiacciata lunga più di 240 chilometri, sono due dei ghiacciai più grandi dell'Antartide e tra quelli che si stanno sciogliendo più rapidamente, dopo una millenaria avanzata verso il Mare di Amundsen, che fa parte del vasto oceano Antartico. Più all'interno, Pine Island e Thwaites si allargano in una riserva di ghiaccio spessa tre chilometri che copre un'area di circa settecentomila chilometri quadrati. Insieme agiscono da tappo, trattenendo una quantità di ghiaccio che potrebbe innalzare di più di tre metri il livello degli oceani, sommergendo ogni città costiera del pianeta.

Scoprire quanto in fretta si stavano sgretolando quei ghiacciai si è dimostrata una delle questioni scientifiche più importanti che il mondo si sia mai trovato ad affrontare. Scienziati di ogni parte del globo si sono preparati all'ipotesi peggiore e più probabile, riandando alla fine dell'ultima era glaciale, circa undicimila anni fa, quando le temperature globali erano rapidamente aumentate per l'ultima volta. La cattiva notizia era che avevano trovato numerose prove del fatto che, allora, i ghiacciai della baia di Pine Island erano collassati in breve tempo, ricoprendo i litorali di tutto il pianeta, in parte come risultato di un fenomeno detto "instabilità della calotta glaciale marina". Poiché il fondale oceanico è più profondo sotto i ghiacciai da questo lato dell'Antartico Occidentale, ogni nuovo iceberg che si distacca lascia esposte falesie sempre più alte. Il ghiaccio diventa così pesante che le falesie non riescono a sostenere il loro stesso peso, rendendone inevitabile la distruzione.

Nel 2020, ogni ghiacciaio marino che poggiava sulla terraferma rocciosa aveva ancora attaccata una piattaforma galleggiante. Una piattaforma di ghiaccio è tra i migliori strumenti diagnostici di cui disponiamo per misurare la salute del ghiacciaio madre. Se il ritmo a cui una piattaforma di ghiaccio si frattura e genera iceberg – un aspetto normale della vita di ogni ghiacciaio marino – improvvisamente accelera, è molto probabile che il ghiacciaio si stia destabilizzando. Tra il 2005 e il 2015, la velocità di fratturazione delle piattaforme di Thwaites è triplicata: un segnale senza dubbio preoccupante.

Nel 2039, la piattaforma di ghiaccio di Thwaites ha iniziato a crollare, esponendo il ghiacciaio alla forza delle onde dell'oceano Antartico, la massa d'acqua più agitata della Terra. La corrente d'acqua tiepida che circonda l'Antartide ha compiuto una deviazione nel vuoto lasciato dalla piattaforma e il crollo del ghiacciaio si è dimostrato imminente.

Gli scienziati erano preoccupati che si potesse verificare la più spaventosa ipotesi di crollo, una replica di quanto accaduto al ghiacciaio alla fine dell'ultima era glaciale, se l'acqua tiepida avesse eroso la falesia che dava sull'oceano al punto che frammenti di ghiaccio alti come grattacieli avrebbero iniziato a staccarsi quasi di continuo. Il ghiaccio non è il più forte dei materiali da costruzione e gli ingegneri strutturali, che trattano i ghiacciai come edifici giganteschi, hanno scoperto che, per altezze superiori ai novanta metri, una parete di ghiaccio a strapiombo non può che crollare, a prescindere dalla sua temperatura. Al centro, Thwaites è spesso quasi due chilometri. Una volta che ha iniziato a collassare sul serio, si è ritirato di decine di chilometri in appena un decennio o poco più: un batter d'occhio geologico. Gradualmente, un cumulo di massicci iceberg al nuovo sbocco del ghiacciaio ha formato una diga temporanea che ne ha rallentato il continuo disfacimento. Al ritmo a cui Thwaites si stava fratturando, non c'era semplicemente abbastanza spazio perché tutto il ghiaccio si spargesse in mare.

Assistere di persona a un simile evento è uno spettacolo ai limiti della comprensione umana. A chi fa attualmente un giro dell'Alaska in barca, i fronti di distacco dei ghiacciai marini appaiono di solito larghi non più di un centinaio di metri. In Groenlandia, il Jakobshavn, il ghiacciaio che si ritirava più in fretta al mondo nei primi anni Duemila, è largo circa tre chilometri, mentre la sua parete di ghiaccio s'innalza per un centinaio di metri, esattamente l'altezza massima prevista dagli scienziati. Di tanto in tanto, i vicini sismografi registrano il distacco degli iceberg partoriti da Jakobshavn, delle dimensioni e del peso di un intero isolato di una città: milioni di tonnellate. Nel 2040, il fronte di distacco di Thwaites era largo 160 chilometri, da un orizzonte all'altro. Gli unici esseri umani in grado di vederlo per intero erano quelli a bordo della stazione spaziale internazionale.

Sui litorali di New York, Londra, Mumbai, Manila e un'infinità di altre città costiere di tutto il mondo, gli abitanti hanno sperimentato il crollo parziale del ghiacciaio mediante una serie di maree impercettibilmente più alte, che si sono succedute per diversi anni. La marea saliva e scendeva come al solito, ma un po' di quell'acqua rimaneva. Miliardi di tonnellate di ghiaccio, alla deriva in giganteschi lastroni sparsi per l'Antartico Occidentale, si spostavano in direzione nord verso acque più tiepide, sciogliendosi di nuovo dopo un'attesa di millenni.

Dov'erano state costruite, le barriere marine venivano chiuse di colpo. Dove non esistevano già, era ormai troppo tardi per installarle: gli scontri politici su chi dovesse avere abitazioni e attività dalla parte "sbagliata" degli argini erano feroci. Alcune località, come la Florida meridionale, dove la natura porosa della roccia madre non consentiva di erigere barriere marine, sono state in parte abbandonate. Era troppo perfino per i Paesi Bassi, una nazione che ha tenuto a bada il mare per secoli. Dopo il crollo di Thwaites, le acque dell'Ems, della Mosa, del Reno e della Schelda dovevano essere pompate controcorrente per sfociare in mare.[139] Nelle Marshall, le onde hanno iniziato a erodere le coste con rinnovato vigore. In tutto il pianeta, cento milioni di persone si sono dovute trovare una nuova casa.

Il parziale crollo di Thwaites ha innalzato i livelli globali dei mari e contribuito a destabilizzare anche altri ghiacciai marini – paradossalmente in Groenlandia – mandando iceberg giganteschi in giro per l'Antartide come soldati di ghiaccio in marcia per infliggere una catastrofe globale come non se ne erano mai viste. A mano a mano che l'Antartico Occidentale perdeva tutto quel ghiaccio, in realtà il livello locale del mare scendeva per la minore attrazione gravitazionale. L'acqua però era ridistribuita negli oceani e i litorali di tutto il mondo.

Invece di un aumento del livello dei mari di un metro entro la fine del secolo, ora pareva più probabile un innalzamento di due metri,[140] in linea con le previsioni fatte, già negli anni Dieci del Duemila, dai climatologi

Rob DeConto dell'Università del Massachusetts Amherst e David Pollard della Penn State University.[141]

I due studiosi erano giunti a quel risultato cercando di confrontare le osservazioni del livello dei mari antichi lungo le coste della Terra con l'attuale comportamento delle calotte glaciali. Circa tre milioni di anni fa, quando le temperature globali erano calde quanto ci si aspetta che saranno più avanti in questo secolo, gli oceani erano di svariati metri più alti di oggi. Modelli precedenti suggerivano che ci sarebbero voluti centinaia di migliaia di anni perché si verificasse un innalzamento dei mari di quell'entità. Ma una volta considerata l'instabilità della calotta glaciale marina, il modello di DeConto e Pollard indicava che la catastrofe era imminente se il mondo avesse continuato a fare come se niente fosse o se il circolo vizioso si fosse instaurato prima del previsto.

Insieme alla caduta di un meteorite, il rapido innalzamento del livello dei mari, in seguito al crollo delle falesie di ghiaccio, è uno dei modi più veloci attraverso cui il nostro pianeta può trasformarsi. I cambiamenti climatici possono essere altrettanto celeri.

«Ogni revisione della nostra interpretazione ha indicato che le calotte glaciali possono cambiare più in fretta di quanto pensassimo» mi ha detto Jeremy Bassis, un glaciologo dell'Università del Michigan.[142] «Non avevamo previsto che Pine Island si sarebbe ritirato, né che Larsen B si sarebbe disintegrato [nel giro di qualche mese nel 2002]. Tendiamo a riflettere su queste cose dopo che sono successe.»[143]

Questo era il tema ricorrente di tutte le scoperte fatte dagli scienziati in Antartide: ciò che facciamo oggi determinerà l'entità del collasso futuro di Pine Island e Thwaites. Possiamo ancora prevenire questo spaventoso scenario prima che sia troppo tardi.

Nel 2040, il mondo aveva ormai ridotto le sue emissioni di due terzi rispetto ai livelli attuali, ma ciò nonostante le temperature continuavano a salire. Perfino un crollo parziale dei ghiacci dell'Antartico e della Groenlandia creava un pericoloso innalzamento dei livelli marini. E così, i leader mondiali hanno cominciato a discutere modi di stabilizzare le temperature e i fenomeni meteorologici estremi, prendendo in considerazione qualsiasi cosa, compreso l'impensabile: l'ingegneria climatica.

2040-2050: nuove tecnologie e nuove spiritualità

Tutto quello che tocchi lo cambi.
Tutto quello che cambi ti cambia.
L'unica verità immutabile è il cambiamento.

OCTAVIA E. BUTLER, *Parable of the Sower*

Un tropo dei film di fantascienza attuali, da *Snowpiercer* a *Geostorm*, è che il ritardo nell'affrontare i cambiamenti climatici alla fine ci costringerà a schierare un arsenale di tecnologie non sperimentate per raffreddare il pianeta, tipo gli specchi che deviano i raggi solari o le nuvole alterate chimicamente. E siccome si tratta di film di fantascienza, si parte dal presupposto che quei grandiosi esperimenti di ingegneria climatica siano destinati a produrre effetti catastrofici.

Eppure, come studi recenti continuano a suggerire, la finzione è molto più vicina alla realtà di quanto pensassimo.

Quando sentono parlare di "cambiamenti climatici", i più pensano al surriscaldamento del pianeta dovuto ai gas serra. C'è però un altro prodotto industriale che influisce sul clima a cui l'opinione pubblica ha prestato scarsa attenzione: gli aerosol. Questi sono composti da particelle microscopiche d'inquinamento che, nell'insieme, riflettono la luce solare rimandandola nello spazio e contribuiscono così a raffreddare il pianeta, fornendo un contrappeso cruciale al riscaldamento globale prodotto dai gas serra.

Da tempo si considera l'eventualità di sfruttare la naturale capacità raffreddante degli aerosol come una potenziale ultima spiaggia nei tentativi di rallentare il riscaldamento globale. Gli aerosol come promettente soluzione tecnologica sono stati sbandierati anche da tecno-ottimisti, personaggi della Silicon Valley e politici che non vedono troppo di buon occhio un impegno del governo nella riduzione delle emissioni. "L'ingegneria climatica promette di affrontare i problemi del riscaldamento globale con la modica spesa di qualche miliardo di dollari all'anno" scriveva Newt Gingrich già nel 2008, criticando la legislazione proposta di un tetto per le emissioni e lo scambio di quote.[144]

Ma c'è un inghippo.

Il surplus di areosol rappresenta un problema enorme. Ad alte concentrazioni, infatti, queste minuscole particelle sono tra le sostanze più letali che esistano perché penetrano a fondo nei nostri organismi, dove possono danneggiare cuore e polmoni.

L'inquinamento atmosferico dovuto alla combustione del carbone, ai gas di scarico delle automobili e agli incendi controllati per pulire il terreno, come pure ad altre attività umane, è la quarta causa di morte nel mondo, con cinque milioni e mezzo di vittime ogni anno. Siamo quasi tutti a rischio, dal momento che il 92 per cento di noi vive in luoghi dove l'inquinamento atmosferico ha raggiunto livelli pericolosi. Già questo basta a fare della sua riduzione un obiettivo necessario.

Gli aerosol naturali – particelle di polvere, sale, fumo e composti organici emessi dalle piante – sono una parte integrante dell'atmosfera del nostro pianeta. Se non ci fossero, probabilmente le nuvole non sarebbero in grado di produrre la pioggia. Come nel caso dei gas serra, però, l'attività umana ne produce troppi sotto forma di un eccessivo inquinamento atmosferico. Il grosso degli aerosol emessi dall'uomo rimane nella bassa atmosfera, il che ne peggiora gli effetti sulla nostra salute. Il risultato è un patto con il diavolo: abbiamo bisogno che gli aerosol ci aiutino a moderare l'aumento delle temperature, ma ci stanno anche uccidendo.

Potremmo rimanere bloccati in questo abbraccio mortale più a lungo di quanto vorremmo. L'effetto raffreddante degli aerosol è tale da aver mascherato ben la metà dell'effetto riscaldante dei gas serra. Non c'è via di scampo: gli aerosol non possono essere eliminati senza conseguenze drammatiche. Se non ci fossero, le temperature schizzerebbero in su quasi da un giorno all'altro.[145] Negli anni Trenta del Duemila, dopo quasi due decenni di riduzione radicale delle emissioni in tutto il mondo e di ripulitura dei cieli dall'inquinamento, l'effetto degli aerosol perduti continuava a far salire le temperature globali, forse a livelli pericolosi.

Gli uomini sono consapevoli dell'influsso degli aerosol da secoli. Nel Duecento, i londinesi protestavano per le nuvole di fumo di carbone. Nel 1783, Benjamin Franklin osservò che le minuscole particelle delle eruzioni vulcaniche tendevano a raffreddare il clima. Tra la fine dell'Ottocento e l'inizio del Novecento il fumo denso prodotto dal carbone oscurava la luce del giorno a Chicago, Pittsburgh, Saint Louis e decine di altre città. Nel 1991 il Pinatubo, nelle Filippine, eruttò offrendo così un laboratorio naturale per lo studio dell'impatto degli aerosol. Le ricerche che ne derivarono fornirono agli scienziati prove concrete del fatto che le particelle presenti nell'atmosfera tendevano a raffreddare il pianeta, confermando in sostanza l'intuizione avuta da Benjamin Franklin. Durante la prima parte del XXI secolo, gli scienziati hanno continuato a interrogarsi su quanto di preciso gli aerosol emessi da tubi di scappamento e ciminiere alterino le condizioni atmosferiche, in parte perché le particelle sono incredibilmente difficili da studiare. Per le loro ricerche, gli scienziati sono andati a cercare angoli sperduti del globo distanti dall'inquinamento industriale, come i mari che circondano l'Antartide.

Gli aerosol sono molto più grandi delle molecole d'aria, perciò sono anche più pesanti e tendono a cadere dal cielo qualche giorno o settimana dopo il loro rilascio. Inoltre, le loro dimensioni variano di diecimila volte e anche le fonti sono molteplici, il che ne rende il comportamento relativamente imprevedibile. Gli aerosol di particolato carbonioso (il cosiddetto *black carbon*) sprigionati dagli incendi boschivi, per esempio, tendono a impedire la formazione di nuvole riscaldando l'aria, cosicché le minuscole goccioline d'acqua evaporano. Allo stesso modo, gli aerosol di solfato derivanti dalla combustione del carbone possono far diventare più grandi le nuvole e più violenti i nubifragi. In Cina, i temporali mutano in base a un ciclo settimanale in linea con gli orari delle fabbriche locali.[146]

È ormai assodato che, nell'insieme, gli aerosol ci raffreddano. Se trasformassimo per magia l'economia globale da un giorno all'altro e l'inquinamento atmosferico si riducesse quasi a zero, sperimenteremmo un immediato aumento delle temperature globali tra 0,5 e 1,1 gradi Celsius. (Per farsi un'idea: nel 2020 il riscaldamento era stato di 1,2 gradi dall'inizio della rivoluzione industriale nell'Ottocento.) A riscaldarsi sarebbero soprattutto le metropoli dell'emisfero boreale vicine ai luoghi di emissione di gran parte degli aerosol. Nelle aree più colpite dell'Asia orientale altamente urbanizzata, per esempio, l'eliminazione totale degli aerosol avrebbe con ogni probabilità un effetto maggiore di tutte le altre cause dei cambiamenti climatici messe insieme. Le temperature nell'Artico potrebbero schizzare addirittura a 4 °C: una catastrofe che spingerebbe ancor più la regione verso uno stato di permanente assenza dei ghiacci. Ricerche condotte nel 2019 hanno dimostrato che un tale effetto potrebbe durare soltanto cinque o dieci anni, ma potrebbe essere sufficiente per portare i ghiacciai già fratturati a un punto di non ritorno, con conseguenze disastrose.[147]

E allora che si fa?

I precedenti tentativi di eliminare gli aerosol nocivi sono in gran parte riusciti, soprattutto negli Stati Uniti e in Europa. In America, il Clean Air Act, uno dei risultati più importanti del movimento ambientalista degli anni Settanta del Novecento, ha prodotto un brusco e quasi immediato calo dell'inquinamento atmosferico, salvando probabilmente milioni di vite. «Questo è un terreno conosciuto, almeno in confronto alla massiccia riduzione delle emissioni di anidride carbonica» mi ha detto

Bjørn Samset, direttore del Centro per la ricerca climatica internazionale norvegese.[148] Anche pompare aerosol artificiali nell'alta atmosfera dovrebbe funzionare, in teoria. Palloni aerostatici e aerei potrebbero spruzzare aerosol benigni come il carbonato di calcio (pietre calcaree polverizzate), che il vento spargerebbe nell'alta atmosfera. Secondo uno studio recente ci vorrebbero 6700 voli quotidiani di aerei a reazione – dotati di apparecchi di irrorazione – per mantenere nella stratosfera una quantità di aerosol sufficiente a raffreddare il clima di un grado.[149] Il costo: venti miliardi all'anno, più o meno in linea con la stima di Gingrich di un decennio fa, tenuto conto dell'inflazione.

Ma non si è mai tentato nulla di simile. Anzi, è dimostrato che pasticciare con gli aerosol ha già portato in passato a periodi di rapido riscaldamento. Dopo l'approvazione della legge contro l'inquinamento atmosferico, nei tardi anni Settanta le temperature globali hanno iniziato a salire, mettendo fine a un periodo trentennale di relativa stabilità. Un andamento simile si sta verificando adesso in Asia. Negli ultimi decenni, la rapida ascesa economica della Cina e dell'India, alimentata a carbone, con le conseguenti emissioni di aerosol, ha oscurato i cieli di Shangai, Delhi e altre megalopoli. Ciò ha contribuito quasi certamente a un rallentamento del tasso di riscaldamento, a livello globale. Negli anni Dieci del Duemila, la Cina ha risposto all'indignazione pubblica per quella che è stata chiamata l'*airpocalypse* adottando controlli sull'inquinamento. E ci sono le prime prove che tali misure stanno iniziando a funzionare. L'India, intanto, si è guadagnata la discutibile fama di nazione con la peggiore qualità dell'aria al mondo, e anche lì l'indignazione comincia a crescere.

Bjørn Samset pensa che gli immediati benefici per la salute derivanti dalla riduzione dell'inquinamento atmosferico indurranno la Cina a proseguire per quella strada, nonostante i potenziali effetti riscaldanti. «È molto plausibile che il disinquinamento asiatico da aerosol – che salva vite rendendo l'aria più pulita – possa avere la priorità sulla drastica riduzione dei gas serra» ha spiegato.[150] Quello che un tempo era il regno dei film catastrofici di fantascienza e delle teorie del complotto ora sta diventando la norma nelle ricerche sull'atmosfera, solo che adesso chi conduce gli esperimenti è ben consapevole dei rischi.

«L'ingegneria climatica è come prendere degli antidolorifici» ha detto Frank Keutsch, un chimico di Harvard che sta lavorando al problema. «Quando va davvero male, gli antidolorifici possono aiutare, però non affrontano la causa di una malattia e possono [fare] più male che bene. Non conosciamo davvero gli effetti dell'ingegneria climatica, ma è per questo che li stiamo studiando.»[151]

E se anche l'ingegneria climatica riuscisse a compensare il riscaldamento con gli aerosol? Persino questo potrebbe avere effetti collaterali disastrosi.

Samset mi ha spiegato che imbarcarsi in un progetto su scala planetaria di ingegneria climatica con gli aerosol produrrebbe «tutta una gamma di conseguenze locali non volute». Uno dei rischi maggiori, secondo uno studio pubblicato su *Nature Ecology and Evolution*, è che il raffreddamento possa funzionare troppo bene, producendo alterazioni degli ecosistemi a «velocità mai viste»:[152] il tipo di scenario rappresentato nel film *Snowpiercer*. Potrebbe infatti rappresentare uno shock fatale per animali e piante già messe a dura prova da decenni di riscaldamento.

«Posso immaginare che simili interventi scatenino conflitti globali» mi ha detto Susanne Bauer del Goddard Institute for Space Studies della NASA. «D'altro canto, ritengo che l'ingegneria climatica vada studiata, almeno per essere consapevoli e informati delle possibilità.»[153]

Dalla crisi al cambiamento

I trent'anni tra il 2020 e il 2050 saranno fra i più trasformativi dell'intera storia umana. Il crollo delle calotte glaciali, la crisi degli aerosol e l'innalzamento del livello dei mari costringeranno più persone che in qualsiasi altro momento storico ad abbandonare le proprie case. In alcuni luoghi, ciò significa che il conflitto sarà inevitabile.

Uno studio di alcuni ricercatori dell'Università di Berkeley ha scoperto che le temperature più alte e l'andamento variabile dei fenomeni meteorologici estremi possono provocare un aumento di ogni tipo di violenza, dagli abusi domestici alle guerre civili. In casi estremi, nazioni intere potrebbero smettere di funzionare e fallire.[154]

Tuttavia, non siamo affatto predestinati a questa sinistra realtà. Un ambiente che muta in fretta rende i conflitti più probabili, non inevitabili. Alla fin fine, l'uomo ha pur sempre il controllo. Sono le nostre scelte a determinare se i conflitti si verificheranno o meno. In un mondo in cui abbiamo rapidamente deciso di intraprendere la costruzione di una società ecologica, avremo anche sviluppato un'infinità di strumenti per evitare scontri nell'ambito delle nostre strategie di adattamento ai cambiamenti climatici.

Eppure, ci sarà sempre chi, scegliendo di vivere al di fuori della società convenzionale, potrebbe rappresentare una minaccia esistenziale. Alcuni gruppi e qualche nazione canaglia proveranno a impedire la transizione verso la giustizia ecologica e sociale. E lo faranno a causa dell'influenza dell'industria dei combustibili fossili, per quanto in declino, o a causa di una reazione ideologica fascista ai mutamenti climatici che mette a repentaglio i diritti umani, oppure per disperazione.

Mary Annaïse Heglar, autrice di saggi sul clima e sostenitrice di un approccio intersezionale alla giustizia razziale e ambientale, ha trovato nella *Parabola del seminatore* di Octavia Butler un esempio di come le cose potrebbero andare davvero male. Nel libro, Butler descrive culti ossessionati dal fuoco che sono fioriti nel mondo dopo rapidi cambiamenti climatici e i cui adepti anelano a un senso in mezzo alla distruzione e al caos che li circondano. Heglar pensa che quello potrebbe essere soltanto l'inizio.

«Il futuro che vedo è davvero brutto, a meno di un cambiamento molto, molto drastico» mi ha detto. «È un mondo in cui le persone trovano tantissimi modi diversi, e molto creativi, di essere crudeli gli uni con gli altri. L'imprevedibilità tira fuori la cattiveria umana, se non si sta attenti. E c'è tanta gente che non sta attenta.»

Nello specifico, Heglar fa riferimento al massacro razziale avvenuto nel 1917 a East Saint Louis, in Illinois come esempio del genere di violenza che potrebbe manifestarsi se il mondo non presta attenzione. All'epoca, una folla di bianchi inferociti massacrò decine di neri assunti al posto degli operai in sciopero durante la Prima guerra mondiale. Se le tecnologie salvavita non saranno distribuite equamente, o se i governi insisteranno troppo sull'austerity di stampo razziale, o se i disastri climatici disgregheranno popolazioni già vulnerabili, il risultato potrebbe essere spaventoso.

«Tante cose che oggi riteniamo impossibili potrebbero essere normalissime tra vent'anni» ha aggiunto Heglar. «Oggi sento persone dire che "se le cose si mettono davvero male, mi trasferirò in Nuova Zelanda o in Svezia, dove l'impatto dei cambiamenti climatici non sarà altrettanto drastico". Ma non sarà così facile. Prima di tutto, là ci vivrà al massimo l'1 per cento. Perciò se pensi che una persona qualunque possa comprarsi un terreno in Nuova Zelanda, buona fortuna.»[155]

Oggigiorno, la fuga è forse la reazione più pericolosa ai cambiamenti climatici. Ed è emblematica del modo in cui il problema è sorto: immaginandoci come individui che esistono al di fuori del contesto di un ecosistema interconnesso, su un pianeta dove ogni nostra azione condiziona profondamente tutti gli altri, ci sfugge l'umanità del nostro prossimo e il suo diritto a esistere. È lo stesso atteggiamento che spinge i più ricchi a farsi le proprie agenzie spaziali private. Chi è già colpito dall'emergenza climatica non può e non vuole essere abbandonato a se stesso intanto che pochi privilegiati elaborano i loro piani di fuga: in terreni più elevati nei dintorni, in rifugi montani nell'entroterra, su Marte.

Finché non costruiremo un pianeta che funziona per tutti, continueranno a esserci persone la cui sopravvivenza è sistematicamente pregiudicata da chi detiene il potere. Questa è la distopia per i ricchi e potenti: un mondo in cui gli altri si rendono finalmente conto del potere che hanno sempre avuto di combattere per una società basata sulla giustizia.

Bisognerà darsi da fare, adoperarsi per disinnescare le inevitabili tensioni in un mondo che si riscalda. Non sarà facile contrastare i tentativi di salvezza dell'industria dei combustibili fossili, e sappiamo che ci saranno. Ci sono sempre stati, da quando il settore è nato, e non spariranno negli anni Quaranta del Duemila, nonostante due decenni di cambiamenti radicali e promettenti. Come sempre, la nostra migliore speranza rimane la capacità di prepararci, strada facendo, ad accrescere le chance di una transizione pacifica verso un pianeta libero dai combustibili fossili.

Sappiamo che negli anni Quaranta le condizioni atmosferiche saranno peggiori di adesso. Un mutamento importante e improvviso, come il crollo di una calotta glaciale o un brusco aumento delle temperature globali dopo l'eliminazione degli aerosol, renderebbe il clima ancora più distruttivo di quanto previsto oggi, anche se riuscissimo a ridurre in maniera drastica le emissioni di gas serra. Quello che possiamo controllare, ovviamente, è come decidiamo di reagire al peggioramento delle condizioni atmosferiche.

Dalla mia conversazione, avvenuta anni fa, con il contrammiraglio Titley, non ho smesso di ripetermi la sua idea di un "successo catastrofico" ogniqualvolta penso che le cose non possano andare peggio e ho lasciato che forgiasse la mia concezione di come il mondo potrebbe, in breve tempo, cambiare oltre ogni nostra più folle fantasia... in meglio. Titley considera il riscaldamento globale sia come scienziato (ha studiato meteorologia) sia come ex ufficiale dell'esercito. Capisce che l'eventualità di un sensibile aumento del numero di profughi rappresenta una crisi umanitaria incombente, tanto angosciosa quanto inevitabile dato ciò che la scienza sa delle siccità, delle inondazioni e delle condizioni meteorologiche sempre più gravi e la tendenza storica dei leader di chiudere le frontiere nei periodi di crisi. Un inasprimento di questa tendenza potrebbe rendere il mondo ingovernabile già nel corso della nostra vita.

L'esercito a stelle e strisce è stato tra le prime entità su vasta scala a rendersene conto. E non stupisce, se si considera la sua missione di garantire il più a lungo possibile la sicurezza e la prosperità degli Stati Uniti: senza stabilità planetaria, non esiste stabilità statunitense. Questo è uno dei motivi per cui gli strateghi del Pentagono hanno cominciato a definire il cambiamento climatico un "moltiplicatore di minacce".

Quando Titley parla di migrazioni, però, si sforza di contestualizzare la posta in gioco. Negli anni Quaranta del Duemila, se l'innalzamento globale del livello dei mari arriverà quasi a un metro e siccità, incendi, ondate di calore e inondazioni continueranno a peggiorare, potremmo avere circa 250 milioni di persone costrette ad abbandonare le proprie case: circa quattro volte i profughi attuali e cinquanta volte quelli della guerra civile siriana. In breve, sarebbe messa in discussione la nostra interpretazione di nazionalità, confini e politica.

«Nel Secondo dopoguerra» mi ha detto Titley, «decine di milioni di persone in Europa hanno dovuto emigrare. È una parte della storia su cui tendiamo a sorvolare. Voglio dire, negli anni Quaranta del Novecento l'Europa era messa davvero male. È anche per quello che c'è stato il Piano Marshall. Penso che fossimo spaventati all'idea che l'intero continente fosse prossimo al tracollo e questo ci ha convinti ad agire.»[156]

Una crisi migratoria incontrollata e imprevista, dovuta ai cambiamenti climatici, potrebbe essere perfino peggio della crisi degli sfollati dopo la Seconda guerra mondiale che, nonostante i suoi orrori, costrinse a spostarsi meno dell'1 per cento della popolazione mondiale. I mutamenti climatici potrebbero portare all'evacuazione di tre volte tante persone soltanto nei prossimi venti o trent'anni. Benché gli spostamenti dovuti alle condizioni meteorologiche estreme stiano già diventando sempre più comuni, a generare profughi e migranti sono in primo luogo i conflitti violenti. Come prevenire un mondo che potrebbe ben presto spaccarsi, e adoperarci urgentemente per ridurre il rischio di conflitti violenti prima che scoppino?

Una crisi del genere richiederà che ci si attivi per contenere i danni a livello dell'intera civiltà. Dovremo intraprendere politiche che incoraggino, anziché limitare, la libertà di movimento. E dovremo istituire salde reti di sicurezza sociale affinché le famiglie non si sentano costrette ad abbandonare la propria casa in cerca di un luogo dove poter semplicemente vivere. Inoltre, prima di arrivare a zero emissioni globali, dovremo ammettere la necessità di provvedimenti aggressivi per ridurre la quantità di anidride carbonica nell'atmosfera. Tutto ciò sarà urgente negli anni Quaranta quanto lo è nel 2020.

«Probabilmente sbaglio» diceva Titley, «ma adesso sono più ottimista sul fatto che faremo qualcosa di concreto di quanto non lo sia stato per molto, molto tempo. E penso di avere validi motivi per esserlo.»

In particolare, Titley indica l'abbandono del negazionismo da parte della base del partito repubblicano come prova che gli atteggiamenti possono cambiare a favore dell'azione, per quanto insufficiente sia. E nel momento in cui il fronte di chi nega i cambiamenti climatici cede, una valanga di azioni potrà seguire in breve. «Adesso potremmo essere ben più vicini a un successo catastrofico. Le cose cambiano, e non sempre in peggio. Possono anche cambiare in meglio e può accadere molto, molto in fretta.»[157]

2040-2042: plasmare il futuro

Negli anni Quaranta avevamo ormai raggiunto una società a impatto zero negli Stati Uniti, in Europa e in molti altri luoghi in tutto il mondo. Abbiamo iniziato a catturare il carbonio dall'atmosfera in enormi quantità, stoccandolo negli oceani, nel suolo, nei terreni erbosi e nelle foreste. Abbiamo svoltato verso una società ecologica perché abbiamo dato la priorità alla giustizia e alla dignità innata di ogni essere vivente sul pianeta. Una rivoluzione nel nostro atteggiamento mentale e nel rapporto con la Terra ci ha permesso di riconoscere che ciascuno di noi ha valore, che tutti e tutte le specie meritano il diritto di esistere.

Dopo trent'anni di difficoltà abbiamo capito di meritare un mondo bello, piacevole e fondato sulla giustizia, e abbiamo cominciato a liberare l'un l'altro e noi stessi. Per parafrasare la scrittrice e attivista per i diritti delle donne Adrienne Maree Brown, abbiamo plasmato il futuro che desideravamo e non avevamo ancora conosciuto.

L'abbiamo fatto perché il nostro mondo stava morendo. I trent'anni, tra il 2020 e il 2050, sono stati un periodo di sofferenza e lutti per molti di noi, ma ci hanno stimolato ad affrontare queste difficoltà con coraggio, speranza e immaginazione, perché le catastrofi erano diventate la norma. Insieme abbiamo iniziato il duro lavoro di costruire un mondo nuovo e siamo andati avanti perché dovevamo farlo: per le popolazioni indigene sterminate e oppresse da secoli, per gli isolani del Pacifico che combattevano affinché le loro terre non finissero per sempre sotto le onde, per l'idea fondamentale che non c'era futuro per il quale valesse la pena di combattere che non fosse radicato nella giustizia.

Farhana Sultana, studiosa di ecologia politica il cui lavoro è incentrato sul diritto all'acqua, mi ha detto che nonostante il Bangladesh, negli anni Dieci del Duemila, apparisse ormai destinato alla catastrofe, l'umore nel suo paese natale rimaneva «ostinatamente ottimista» perché «non avevamo altra scelta che sopravvivere».[158]

Ostinatamente ottimista. Quell'atteggiamento diffuso ci ha consentito di sopportare gli effetti deleteri dei cambiamenti climatici ed è proseguito per buona parte degli anni Quaranta, quando la tecnologia e l'innovazione hanno iniziato ad aprire porte che fino ad allora erano chiuse. Il modo in cui abbiamo usato quella tecnologia – e stabilito chi dovesse beneficiarne – ha deciso il nostro destino come civiltà.

Un futuro climatico corretto grazie alla tecnologia sarebbe oppressivo quanto l'attuale utopia capitalista se non fosse accompagnato da una decolonizzazione radicale e dall'impegno a risarcire i miliardi di persone che hanno subìto l'impatto più devastante dei cambiamenti climatici. I meccanismi mediante i quali siamo in grado di garantire la giustizia si sono dimostrati la rivoluzione "tecnologica" più importante di questo secolo.

Tutto ciò – e il nostro lavoro collettivo dei decenni passati – è stato messo alla prova dopo il crollo parziale di Thwaites nel 2039. L'improvvisa scomparsa del ghiacciaio ha innalzato il livello dei mari di un metro nel giro di un decennio, più in fretta di quanto la maggioranza degli scienziati ritenesse possibile. Per una peculiarità della gravità terrestre, i mari hanno raggiunto il massimo livello sulla East Coast, sommergendo in modo definitivo le aree di Miami, Charleston, Norfolk, Philadelphia, New York e Boston.

Dagli anni Venti del Duemila, quando il mondo aveva finalmente intrapreso uno sforzo collettivo contro la crisi incombente dei cambiamenti climatici, abbiamo costantemente e legittimamente scelto la strada dell'ecologia e della giustizia. Le città allagate, per quanto possibile, si erano preparate. Nel caso di Miami ciò ha significato un mix di adattamento e ritirata. Con il tempo, la vita in città ha iniziato ad assomigliare a quella in altri arcipelaghi: una comunità interconnessa e prospera che accetta la sua realtà acquatica, come le Florida Keys.

In sostanza, la questione dei mutamenti climatici è una questione di sopravvivenza. Nello specifico, a mano a mano che il secolo va avanti, è una questione di chi riesce a sopravvivere e chi no. In questi decenni di cambiamenti radicali, ogni decisione andava presa come se fosse una questione di vita o di morte. Perché lo era, sempre. Un simile sforzo, straordinario, costante, esistenziale, emotivo sarebbe stato insostenibile per i più se non avessimo già trascorso decenni a lavorare in maniera attiva allo sviluppo di nuovi modi di prenderci cura gli uni degli altri.

Nel 2040 i leader mondiali hanno firmato un trattato globale sui migranti climatici in base alle emissioni storiche di ogni stato. Istituendo un programma di visti permanenti per i cento milioni di persone colpite direttamente dai disastri climatici, il trattato ha di fatto abolito i confini nazionali. Quasi un quarto dei profughi ha trovato una nuova casa negli Stati Uniti.

Nei primi anni Quaranta il progresso nella tecnologia di desalinizzazione unito alla diplomazia in Medio Oriente ha dato il via a una reazione a catena di tentativi volti a neutralizzare la crisi migratoria che interessava tutto il mondo in seguito al parziale crollo dei ghiacciai antartici e all'improvviso aumento del riscaldamento dopo l'eliminazione degli aerosol.

Abbiamo capito che era il consumismo capitalista a tenere in piedi le economie petrolifere, e una volta che queste sono scomparse, il resto del pianeta si è accordato per sostenere i paesi che un tempo producevano petrolio nella loro transizione a un'economia circolare. Gli ex stati petroliferi erano già avviati a diventare i primi produttori di attrezzature solari, treni ad alta velocità e impianti di desalinizzazione, ma durante un summit globale d'emergenza, tenutosi a Dubai, i leader mondiali hanno stabilito di incrementare la cooperazione per una riduzione aggressiva dell'anidride carbonica e hanno iniziato a discutere del ricorso temporaneo all'ingegneria climatica, da abbandonare gradualmente una volta che i livelli di CO_2 fossero tornati al di sotto delle 350 parti per milione. Tale approccio si è dimostrato coerente con la stabilizzazione a lungo termine del clima a livelli che avrebbero scongiurato un collasso su larga scala della società.

Questo sforzo globale volto a prepararsi al disastro e a prevenirlo ha esteso al pianeta intero i vantaggi dell'economia circolare resiliente adottata in Europa e Nord America. Anche se sarebbe stato meglio provvedere prima, benché tardivamente il mondo è giunto a un accordo: chiunque sia a subire le conseguenze negative dell'ingegneria climatica, saranno tutti i paesi, di comune accordo, a garantire l'equità. I leader internazionali hanno dichiarato che la soddisfazione delle esigenze primarie di ognuno non era negoziabile. Insieme abbiamo ridotto i motivi di conflitto e costruito finalmente una società in cui chiunque sulla Terra possa prosperare.

Sebbene il livello globale dei mari continuasse a salire, potevamo comunque evitare il collasso totale delle massicce calotte glaciali della Groenlandia e dell'Antartide. Con un'attenta pianificazione e il dialogo tra le comunità più a rischio, i governi del mondo sono stati in grado di evitare anche il collasso economico. Tra il 2020 e il 2050 abbiamo imparato a lavorare gli uni con gli altri e per gli altri. Abbiamo maturato sistemi democratici di governance per garantirci la capacità di prendere in fretta decisioni difficili. E abbiamo imparato ad accettare con serenità i cambiamenti perché sapevamo di star costruendo, ognuno di noi, un mondo migliore.

Nonostante le difficoltà, gli anni Quaranta sono stati un decennio di ricrescita: non dell'economia estrattiva dei combustibili fossili, ovviamente, ma delle piante, degli animali, degli ecosistemi e delle comunità di persone, bloccati per troppo tempo dallo status quo.

Una volta che qualche forma di ingegneria climatica si è resa inevitabile, abbiamo fissato regole chiare su chi dovesse beneficiarne. Con quale criterio si sarebbe misurato il successo di simili progetti? Se le proprietà immobiliari sulle coste avessero riacquistato valore perché eravamo riusciti a rallentare il crollo delle calotte glaciali di Groenlandia e Antartide, quell'impulso all'economia globale sarebbe stato equamente distribuito agli agricoltori di Senegal o Paraguay i cui raccolti fossero andati distrutti da un evento meteorologico estremo che probabilmente non si sarebbe verificato senza ingegneria climatica? Come avremmo misurato quegli effetti... e inchiodato alle proprie responsabilità i profittatori disonesti?

Al tempo stesso, il calore lentamente assorbito dall'oceano in tanti anni di politiche sbagliate ha continuato a provocare fenomeni meteorologici sempre più estremi fino a buona parte degli anni Quaranta, minacciando la nostra trasformazione radicale della società e mettendo a repentaglio milioni di persone che vivono in piccoli stati insulari, in quartieri a basso reddito, lungo gli argini dei fiumi e nelle regioni rurali di tutto il mondo. Per preservare le terre natie di questi milioni di individui, abbiamo potenziato le nostre competenze di ingegneria climatica, decidendo, dopo un'altra ondata di proteste non violente su scala globale, di liberalizzare i brevetti per tutte le tecnologie senza carbonio.

Ridurre a zero le emissioni è il modo migliore di rallentare i cambiamenti climatici. Ne eravamo consapevoli nel 2020 quanto nel 2045. La questione irrisolta era: e se dopo aver ridotto di molto le nostre emissioni globali i mutamenti climatici che avevamo messo in moto avessero raggiunto comunque un punto di non ritorno?

La tecnologia non è altro che l'applicazione pratica delle conoscenze scientifiche e queste ci dicono che soluzioni davvero trasformative sono la maniera più pratica di procedere in situazioni di emergenza come questa. Poiché gli interventi tecnologici per i quali il capitalismo voleva farci spendere denaro pubblico non sono riusciti a mantenere sano e salvo il pianeta, pochi credevano che un tale approccio potesse funzionare in questo decennio, mentre gli effetti dei cambiamenti climatici non smettevano di perpetrare ingiustizie in tutto il mondo. Certo, abbiamo continuato a sfruttare appieno i progressi tecnologici per produrre cibo, energia, acqua e alloggi, ma li abbiamo trattati con cautela, perché avevamo finalmente capito che celebrare la tecnologia fine a se stessa era sbagliato e pericoloso.

Una rivoluzione in ogni aspetto della società ci ha offerto l'opportunità migliore di costruire, nel corso della nostra stessa vita, un mondo vivibile con maggiore efficacia di qualsivoglia iniziativa di rimboschimento o tecnologia relativa alle energie rinnovabili.

Se i rapidi cambiamenti degli anni Venti e Trenta del Duemila ci hanno insegnato qualcosa, è che i movimenti sociali sono la "tecnologia" migliore di cui disponiamo per arrivare a una rapida e diffusa decarbonizzazione di qualsiasi settore della società. Costruendo un mondo più equo e più incentrato sulla giustizia e un'economia che dia fondamentalmente la priorità alla salute e all'uguaglianza, abbiamo conseguito un progresso "tecnologico" che nessuna ricerca né finanziamento dello sviluppo, per quanto significativi, avrebbero mai potuto immaginare.

A metà del secolo, il mondo era cambiato molto. Alcuni luoghi erano diventati inabitabili perché siccità, inondazioni e caldo intenso avevano creato un tempo pazzo e inclemente. Altrove, intere nazioni erano diventate a impatto zero, ed era in corso una trasformazione totale per piantare ben un terzo dei terreni agricoli del pianeta ad alberi e altre piante perenni che si potessero coltivare per ricavarne cibo e combustibile e per catturare il carbonio dall'atmosfera il più in fretta possibile. Ma avevamo ancora bisogno di ricorrere ad altri metodi, ancora più audaci, di stabilizzare il clima.

Anche dopo che la rivoluzione globale degli anni Venti e Trenta aveva avviato la nostra società alla completa decarbonizzazione e a un'economia circolare, ci trovavamo dinanzi a molte scelte difficili. Dar vita a un mondo davvero sostenibile richiedeva ingegnosità, creatività e pazienza, mentre adottavamo un approccio completamente diverso nei confronti del pianeta affidato alle nostre cure.

2043-2045: le emissioni negative

Negli anni Quaranta non solo gestivamo una rete elettrica totalmente a impatto zero, ma avevamo anche potenziato le tecnologie volte a catturare su larghissima scala l'anidride carbonica dall'atmosfera. Nel 2045, i livelli di CO_2 erano ormai prossimi alle 500 parti per milione, ma eravamo sulla buona strada per tornare alla zona di sicurezza della stabilità planetaria.

La necessità di catturare il carbonio nell'atmosfera era una conseguenza, costosa ma necessaria, del nostro ritardo nel ridurre le emissioni. Ogni parte per milione di anidride carbonica nell'atmosfera corrisponde a circa due miliardi di tonnellate di carbonio. Catturare più di cento parti per milione dai cieli – all'incirca quanto siamo attualmente sopra ai livelli di sicurezza – richiedeva un'impresa titanica: un progetto di ingegneria civile tale da eclissare tutto ciò che l'uomo avesse mai tentato.

Estrarre il carbonio dall'atmosfera – essenzialmente annullare le emissioni di tutti i combustibili fossili che siano mai stati bruciati – comportava costi economici e sociali incalcolabili, consumando potenzialmente tra il 10 e il 50 per cento della produzione economica mondiale entro la fine del secolo. La maggior parte delle tecnologie prevedeva l'uso di piante. La fotosintesi è la tecnologia più economica, efficace e onnipresente che si conosca per catturare il carbonio dall'atmosfera; alberi, praterie erbose, alghe: il ripristino degli ecosistemi naturali. Il suolo è di gran lunga la parte meno conosciuta del ciclo globale del carbonio, ed è difficile ottenere stime affidabili di quanto altro carbonio possa trattenere. Ma l'idea dell'agricoltura del carbonio – la coltivazione di piante che imprigionino questo elemento nel terreno gestendo il rapporto tra funghi e batteri o l'agricoltura intercalare di multiple specie perenni o decine di altri metodi – era così promettente che vi abbiamo investito molti soldi.

Lo stoccaggio del carbonio è diventato la principale fonte di sussistenza per centinaia di milioni di "coltivatori di anidride carbonica" in tutto il mondo. Gli stati pagavano i loro cittadini per produrre cibo, ma in un modo che riducesse al contempo i cambiamenti climatici.

Nello sforzo di mantenere aperta una via futura a forme ormai superate di trasporto aereo, i miliardari (quei pochi che ancora rimanevano) hanno fatto pressioni affinché s'investissero somme enormi nei biocarburanti a impatto zero su scala continentale. Un'altra idea era quella di inondare vasti tratti dei deserti mondiali, seminare negli stagni così ottenuti alghe modificate geneticamente e lasciarle crescere il più possibile. Un altro metodo controverso, chiamato ossidazione anaerobica del metano, avrebbe comportato il rilascio intenzionale di enormi quantità di anidride carbonica nell'atmosfera mediante reazioni chimiche in una serie di giganteschi ventilatori... ma così facendo avrebbe rimosso praticamente tutto il metano antropogenico che, a parità di peso, ha un effetto riscaldante ottantaquattro volte maggiore dell'anidride carbonica.

Negli anni Quaranta, però, un'idea dominava il dibattito sulle emissioni negative: la bioenergia con cattura e stoccaggio dell'anidride carbonica (BECCS) che prevede di far crescere delle piante, bruciarle come combustibile e catturarne le emissioni. La BECCS, se portata al suo massimo potenziale, richiederebbe una grandissima espansione delle colture di semi oleosi, al punto da mettere a repentaglio la produzione alimentare mondiale.

Durante un summit tenutosi nella capitale francese nel 2045, trent'anni dopo il primo accordo di Parigi sul clima, tutte quelle proposte sono state respinte. Si è dischiusa invece un'opportunità per quella che Holly Jean Buck, ricercatore all'UCLA sull'ingegneria climatica, ha definito «un modo radicalmente utopistico di eliminare il carbonio dall'atmosfera».[159] Utilizzando immobili confiscati alle industrie dei combustibili fossili, fallite da tempo, i governi hanno iniziato a coordinare un tentativo su larga scala di cattura e stoccaggio del carbonio in giganteschi giacimenti petroliferi, pozzi di fratturazione idraulica e miniere di carbone abbandonate. Concentrando e catturando flussi di anidride carbonica atmosferica e convertendoli in liquidi e solidi geologicamente stabili – in pratica petrolio e carbone finti – abbiamo iniziato a riportare indietro il tempo.

La psicologia che sta dietro all'eliminazione del carbonio, alla cancellazione dei peccati delle generazioni precedenti è profonda, ma la realtà è che non esistono soluzioni facili per annullare l'attuale stato del mondo. Almeno per i prossimi decenni dovremo sopportare un pianeta che diventa sempre più caldo di anno in anno. Accettare questa cruda verità – senza fuggirla – ci permetterà di garantire al meglio non soltanto la sopravvivenza, ma una buona vita per quante più persone possibile nel corso di quest'epoca di fondamentale transizione.

2046-2049: l'ingegneria climatica umanitaria

Anche una volta che il mondo aveva raggiunto le emissioni negative nette, le temperature globali erano ancora pericolosamente elevate e, senza ulteriori provvedimenti, sarebbero rimaste tali per decenni o perfino secoli. Abbiamo iniziato a chiederci: cosa accadrà se la rimozione del carbonio non raggiungerà la scala necessaria per evitare ulteriori crolli delle calotte glaciali? Avremmo potuto modificare – intenzionalmente – il clima per adeguarlo alle nostre esigenze? Avremmo potuto creare un termostato planetario e abbassare il riscaldamento? L'etica complessa dell'ingegneria climatica è balzata di colpo in primo piano.

Nel 2017, la Croce rossa aveva convocato la prima conferenza in assoluto sull'ingegneria climatica umanitaria. Un simile concetto, ne sono sicuro, appare ridicolmente ingenuo a chi capisce anche solo i rudimenti della storia multimillenaria dei rapporti di potere tra gli uomini. Aspettarsi che un climatizzatore su scala planetaria possa funzionare ed essere equamente gestito da tutte le nazioni sulla Terra contraddice l'intera nostra storia di gestione della proliferazione delle tecnologie dall'età della pietra.

Il compito della Croce rossa, però, è elaborare piani per le emergenze. Ed è esattamente ciò che aveva fatto nel 2017, a dimostrazione che la nostra emergenza climatica colpisce in modo sproporzionato le persone che meno hanno contribuito alle sue cause. L'approccio etico e responsabile, aveva concluso la conferenza, avrebbe potuto essere un intervento di ingegneria climatica in scala limitata che desse la priorità al benessere delle popolazioni in prima linea. Alla fine degli anni Quaranta avevamo ormai dimostrato a noi stessi che eravamo capaci di superare le difficoltà esistenziali collaborando e così abbiamo deciso di provare a raffreddare il pianeta.

La possibilità di intervenire deliberatamente e su larga scala sul sistema climatico terrestre ha implicazioni importanti in termini di impatto sui più vulnerabili. Il coinvolgimento, sin dall'inizio, della comunità umanitaria potrebbe avere un'enorme influenza su come (e se) vengono messi in atto progetti di ingegneria climatica. A condurre il dibattito devono essere quelli che ne subiranno le conseguenze peggiori, soprattutto data la plausibilità di una "ingegneria climatica predatoria" che, con azioni irresponsabili ed egoistiche, può provocare danni intenzionali ad altri.

Pablo Suarez, che rappresentava la Croce rossa in quell'ormai lontano 2017, si era espresso con veemenza contro i «presupposti potenzialmente illusori della razionalità» che avevano dominato fin lì la discussione sull'ingegneria climatica. Il motivo che la rendeva allettante, aveva detto, è che si trattava di una soluzione rapida e a buon mercato, anziché dover affrontare il duro lavoro di riorganizzare la società in maniera da evitare che accadano eventi come i mutamenti climatici. «I cambiamenti climatici sono l'effetto collaterale indesiderato dello sviluppo» aveva proseguito. «A nessuno piace essere la cavia nel laboratorio di qualcun altro.»[160]

Suarez aveva esposto le decisioni etiche che un mondo in procinto di intraprendere un progetto di ingegneria climatica avrebbe dovuto affrontare: «Se cento paesi se la passano bene, ma il Gabon se la passa male, che cosa accade al Gabon? I fenomeni meteorologici estremi non scompariranno, semplicemente si scateneranno altrove. Chi pagherà per gli interventi umanitari in un pianeta alterato dall'ingegneria climatica?». Non esisteva un quadro normativo che aiutasse a prendere tali decisioni. «Noi, come operatori umanitari, abbiamo il mandato di prevedere ciò che potrebbe andare storto. E questa cosa potrebbe andare storta.»[161]

I rischi dell'ingegneria climatica erano chiari già nel 2017, quando la Croce rossa ne esaminava le conseguenze a lungo termine. Ciò su cui ancora si dibatteva, trent'anni dopo, erano i benefici. Diffusi in uno strato sottile nell'alta atmosfera, aerosol di solfati hanno indotto un leggero effetto raffreddante, che limitava la quantità di calore e luce ricevuta dalla superficie della Terra. I modelli che analizzavano questi scenari, però, continuavano a dimostrare che probabilmente avrebbero causato siccità e frenato la crescita delle piante, ma ottenuto anche una contemporanea riduzione dell'energia disponibile per tempeste estreme e quindi dell'intensità dei nubifragi. Inoltre avrebbero potuto ritardare di secoli il crollo definitivo dei ghiacciai residui in Groenlandia e Antartide.

Intervenire sul pianeta con l'ingegneria climatica, avvertiva Suarez nel 2017, sarebbe equivalso ad avviare un programma di chemioterapia planetaria: iniettare nell'atmosfera una sostanza nociva nel tentativo di annullare gli errori passati, nella piena consapevolezza che ci sarebbero potuti essere effetti collaterali anche gravi. «In casi estremi» ha detto, «quegli effetti collaterali potrebbero uccidere il paziente. Quella morte è diversa dalla morte provocata dal cancro? Forse sì, forse no. La sofferenza è diversa? Forse sì, forse no. Sappiamo di essere davanti a scelte difficili.»

Eppure, era una delle numerose scelte che dovevamo affrontare, nonostante i decenni di duro lavoro. Che cosa sarebbe successo se la comunità umanitaria globale avesse intrapreso un progetto di ingegneria climatica su scala limitata alla fine degli anni Quaranta? Cosa sarebbe successo se la gente, spinta pericolosamente verso il genocidio, si fosse organizzata per pretendere la giustizia atmosferica?

L'ipotesi più rischiosa non è per forza quella di avviare un progetto di ingegneria climatica, quanto quella di arrestarlo all'improvviso.

Una brusca interruzione avrebbe un effetto d'urto ancora peggiore dell'eliminazione, relativamente più lenta ma pur sempre disastrosa, degli aerosol. Un rapido aumento delle temperature produrrebbe un'immediata alterazione dei modelli climatici che si potrebbe dimostrare catastrofica per le persone e le specie già messe a dura prova da decenni di pericolosi mutamenti climatici. Le conseguenze ecologiche di vasta portata sarebbero sostanzialmente irreversibili, accelerando un'estinzione di massa.

«La migliore delle ipotesi è non dover arrivare a tanto» mi ha detto Holly Jean Buck. Ma se decidiamo che un progetto di ingegneria climatica è necessario, «la soluzione migliore è un intervento molto breve di gestione della radiazione solare su scala ridotta che non usi troppi aerosol, mantenga basse le temperature mentre il mondo persegue seriamente l'eliminazione dell'anidride carbonica e si concluda entro il secolo.»[162]

L'abbandono lento e programmato dell'ingegneria climatica nel corso di molti decenni potrebbe sembrare un'idea grandiosa, ma quando mai gli esseri umani sono stati capaci di pianificare qualcosa che funzioni come previsto in un lasso di tempo di mezzo secolo?

È più probabile che gestione della radiazione solare e autoritarismo si sovrappongano in maniera pericolosa, mi ha detto Buck, delineando uno scenario da incubo: «Che succede se un leader dispotico sostiene di risolvere tutto con le tecniche di gestione della radiazione solare, e la cosa sembra funzionare, arrivando poi a usarla come giustificazione per rimanere al potere?».

Un altro scenario terrorizza Buck: cosa accadrebbe se un'industria petrolifera morente decidesse di dedicarsi alla cattura del carbonio per trarre profitti da una crisi globale che va acuendosi? Già quell'ipotesi, da sola, è un motivo sufficiente per prendere in considerazione la nazionalizzazione delle compagnie petrolifere.

In un mondo in cui siamo già a impatto zero e stiamo riflettendo sull'uso dell'ingegneria climatica come integrazione umanitaria per facilitare il ritorno a un pianeta stabile, nonché come strumento di conservazione per contribuire ad alleggerire la pressione sugli ecosistemi e a prevenire l'estinzione delle specie, potrebbe non essere poi una cattiva idea. «In pratica non esistono ricerche su questo [uso dell'ingegneria climatica]» mi ha spiegato Buck, «e a me pare una delle principali giustificazioni per tenerlo presente». Quel mondo, ovviamente, è di là da venire. Ma, come spero che questo libro abbia dimostrato, non è così campato in aria.

Se le reazioni politiche e sociali ai cambiamenti climatici falliscono – o riescono al punto da eliminare tutti gli aerosol dai cieli provocando un rapido aumento del riscaldamento – sapremo conservare lo stesso coraggio e ottimismo per fidarci, ancora una volta, della capacità di salvare il mondo di una tecnologia di raffreddamento artificiale su scala planetaria?

All'apparenza, l'ingegneria climatica sembra ingigantire i problemi che ci hanno portato in questo guaio. Eppure vale la pena di ricordare che abbiamo già trasformato l'atmosfera e gli ecosistemi del pianeta in una misura che si è vista di rado nella storia della Terra, se non per l'impatto di un meteorite. Varrebbe la pena di cercare di annullare almeno in parte il danno fatto? D'altro canto, modificare intenzionalmente l'atmosfera del pianeta aggiungerebbe un ulteriore livello di complessità a un mondo alle prese con rapidi cambiamenti.

In futuro, "noi" dovremo decidere che cosa significano "l'umanità" e "la Terra" in un'epoca in cui i destini degli esseri umani e del pianeta sono intrecciati più che in ogni altro periodo storico e la responsabilità della crisi non è di tutti allo stesso modo.

Ciò che facciamo alla Terra lo facciamo a noi stessi. La nostra migliore speranza di evitare l'ingegneria climatica potrebbe essere il mutuo soccorso, la fiducia e la solidarietà in una misura senza precedenti.

Nel 2049, al summit globale convocato dalle Isole Marshall, le popolazioni indigene, dall'Artico al delta dell'Okavango all'Outback australiano, hanno discusso il da farsi in un dibattito di mesi che ha riunito i rappresentanti di università, gruppi religiosi e fiorenti società ecologiche giovanili. Il risultato è stato travolgente: avremmo provato a decolonizzare l'atmosfera, molto lentamente, nel tentativo di restituire il cielo a quanti erano ancora vivi e alle centinaia di generazioni future. Era un progetto di secoli che avrebbe reso onore all'incredibile spirito di collaborazione che l'umanità aveva sviluppato. Era un modo per riparare il danno provocato a tutte le specie non umane che avevano sofferto a lungo.

Nel 2050 avevamo ormai compiuto il grosso del lavoro che dovevamo svolgere come civiltà per stabilizzare il clima e garantire un pianeta vivibile alle infinite generazioni che sarebbero seguite. Questo risultato, deriso come una pia illusione o un'impresa impossibile appena pochi decenni prima, si è dimostrato la rivoluzione più significativa, eroica e improbabile nella storia del mondo.

È continuato il ricorso alle soluzioni tecnologiche: la cattura del carbonio su scala industriale, un limitato ricorso all'ingegneria climatica, la gestione, mediante l'intelligenza artificiale, delle risorse eoliche e solari variabili. La cultura dominante, però, è passata dalla crescita sfrenata alla comune prosperità di uomo e natura, in cui un'economia ecologica e circolare ha creato vivaci luoghi di lavoro e di svago che si integrano con l'ambiente circostante, anziché combatterlo. Siamo progrediti dando la priorità a ogni forma di sapere, non soltanto all'utopismo tecnologico.

Il mondo è cambiato così tanto e così in fretta che non ci potevamo più permettere di ignorare o escludere ogni maniera ragionevole di stabilizzare il pianeta.

Negli ultimi trent'anni non tutti hanno aderito a tali cambiamenti. Esistono tuttora paesi canaglia, industrie furfanti, fanatici irriducibili, e la guerra potrebbe essere ancora inevitabile. La cultura dominante però è cambiata al punto che abbiamo sviluppato sistemi per richiamare queste persone alle loro responsabilità e impedire loro di nuocere agli altri.

Per tutta la prima metà del XXI secolo ci siamo uniti per affrontare i rapidi cambiamenti climatici in corso e il significato di essere vivi in un momento in cui l'estinzione era una realtà e il radicamento in un luogo non era definitivo quanto credevamo in passato. Per soddisfare questa esigenza abbiamo sviluppato e praticato nuove spiritualità che ci hanno concesso la pazienza e la grazia di cominciare la seconda metà del secolo con una società globale a impatto zero e un'economia circolare che intende riparare secoli di colonizzazione e sfruttamento.

Abbiamo imparato che la nostra vita, la nostra prosperità, la nostra cultura e l'esistenza degli animali e delle piante con i quali condividiamo questo mondo sono avvolte nella rete interconnessa di pioggia, neve, sole, vento e altri fenomeni che compongono la nostra atmosfera. Abbiamo capito che destabilizzando questo equilibrio destabilizzavamo ciò che letteralmente rende possibile la vita sul nostro pianeta. Adesso che abbiamo consolidato il nostro rapporto gli uni con gli altri e con la Terra, non ci sono limiti a ciò che possiamo immaginare.

Prendersi cura della terra è una nuova (vecchia) spiritualità

Fin dall'alba del tempi, l'uomo è stato consapevole di quanto fosse importante riconoscersi un tutt'uno con il pianeta.

Non c'è modo di tradurre in parole la dolcezza di un tramonto, mentre te ne stai seduto in cima a una scogliera a picco sulla costa californiana, con le onde che s'infrangono in lontananza, a riflettere sulla vastità del Pacifico davanti a te. Non c'è modo di descrivere il gusto di una pesca. Non c'è modo di catturare alla perfezione la risatina di un bimbo che stuzzica un bruco o la meraviglia di una conversazione con qualcuno che ha percorso una strada diversa dalla tua ma a cui ti senti intimamente vicino in un fugace momento condiviso. Questi semplici lussi ci radicano nel pianeta che ci ha dato la vita. C'è un motivo se ci sentiamo così profondamente a casa quando condividiamo queste semplici gioie.

Che cosa ci rende umani? Che cosa ci spinge ad amarci gli uni gli altri? Sono queste le cose per le quali lottiamo quando ci battiamo per un clima stabile.

Entro il 2050, quasi tutto ciò che conosciamo del mondo sarà cambiato. Ma queste esperienze essenziali, comuni all'umanità intera, rimarranno. Il dono più grande che possiamo fare al nostro io futuro e a coloro con cui condividiamo questo spazio è agire nel presente con l'amore intenso e trascendente dei visionari.

L'idea di Kyle Whyte di una civiltà basata sull'affinità, da lui esposta nel 2019, ha un effetto trasformativo se si considera quanto cambierebbe in maniera radicale la nostra idea dell'io e di ciò a cui potremmo dedicare la nostra vita, che potremmo sperare e per cui potremmo adoperarci. «Invece di cercare di imporre soluzioni ai cambiamenti climatici» mi ha detto, «se prestassimo maggiore attenzione ai rapporti e alla concordia, quel genere di sistema suggerirebbe un tipo di futuro ben diverso da quello che tanti, secondo me, si immaginano.»[163]

L'urgenza e l'ansia che la gente ha cominciato ad avvertire a mano a mano che i disastri climatici sono diventati sempre più evidenti sono radicate in questa riluttanza a cambiare drasticamente un sistema che ci ha portato dei benefici. Se però guardiamo la cosa con gli occhi di Whyte, sarà facile riconoscere in quell'urgenza un'illusione fabbricata da un sistema costruito sulla sfiducia, il biasimo e l'iperindividualismo. In un mondo in cui si dedica un tempo considerevole a instaurare la fiducia reciproca – una civiltà basata sui rapporti interpersonali – l'urgenza e l'ansia svaniranno perché sapremo, nel profondo, che ci prendiamo tutti cura gli uni degli altri; che siamo tutti solidali perché, finalmente, lavoriamo con il pianeta e non contro, proprio come le popolazioni indigene fanno da migliaia di anni.

Mary Annaïse Heglar, i cui scritti hanno finito per esemplificare la leadership coraggiosa e visionaria che il momento richiede, ha detto che il mondo è cominciato immaginando qualcosa. «I cambiamenti climatici non sono un evento passivo» mi ha spiegato, «bensì un atto intenzionale. Non fare nulla è fare qualcosa. Bruciare combustibili fossili è un'azione.»[164]

Nel 2050, anche la scienza potrebbe apparirci molto diversa da quella che è oggi.

«I cambiamenti climatici li dobbiamo alla scienza» mi ha detto Heglar. «C'è voluta la scienza per capire che si possono usare i combustibili fossili per produrre energia. C'è voluta la scienza per capire dove trovarli.

«Se decidiamo di usare la scienza per scopi costruttivi e in armonia con il pianeta e cominciamo ad ascoltare i gruppi di persone che non hanno mai perso il rapporto con la Terra, inizieremo a vedere una scienza più benevola, più olistica. Perché, che cos'è la scienza se non lo studio della Terra? Penso che se considerassimo le popolazioni indigene come collaboratrici degli scienziati sarebbe bellissimo. Se non avessimo tutte queste barriere preconfezionate che ci separano, quanto potremmo essere più innovativi ed empatici?»

Dal punto di vista dei nativi, nel 2050 la nostra civiltà potrebbe non essere nemmeno antropocentrica.

«Dovremmo davvero fare un passo indietro e concepirci come amministratori» mi ha detto Kelsey Leonard della nazione indiana Shinnecock, fautrice di una politica a tutela degli oceani, «come persone responsabili di favorire il legame con i nostri parenti non umani su questo pianeta e di permettere che quella vita abbia la priorità sulla nostra.

«Se riuscissimo davvero a vedere i princìpi dell'UNDRIP [Dichiarazione dei diritti dei popoli indigeni delle Nazioni Unite] applicati alle politiche per i cambiamenti climatici e al modo in cui immaginiamo un futuro consapevole del clima, sostenibile ed equo, dovremmo tenere conto di questi aspetti fondamentali. Se davvero onorassimo i princìpi racchiusi nel documento, avremmo un pianeta migliore, più sicuro e più sano non soltanto per i popoli indigeni ma per tutti.»[165]

Siamo nel 2050. Il mondo è a impatto zero. L'economia è circolare. La società si è trasformata. Il nostro mondo è un luogo che ha deciso di cambiare radicalmente nella sua interezza perché posti come le Isole Marshall contano. Perché tu conti. Perché non potevamo più andare avanti a quel modo.

La disuguaglianza esiste ancora ed esisterà sempre, ma l'umanità ha imparato che abbiamo più cose in comune tra di noi – e con ogni altro essere vivente sul pianeta – di quanto avremmo mai immaginato.

L'aver sfiorato la catastrofe ci ha condotti a un rapporto planetario talmente bello da far male. È davvero un tempo straordinario in cui essere vivi.

Epilogo

Non siamo tutti da biasimare in ugual misura per i cambiamenti climatici. Sì, la foresta amazzonica brucia a un ritmo da record. Sì, i ghiacci marini sono al minimo storico. Sì, è in corso un genocidio, perché i ricchi cercano di diventare ancora più ricchi.

Questa è la distopia planetaria dei giorni nostri. La rabbia che proviamo per lo stato in cui versa il mondo è giusta e necessaria. Ci aiuta a mettere a fuoco ciò che bisogna fare.

Questa però non è l'unica storia che possiamo raccontare. Possiamo anche raccontare storie d'amore. Chi di noi detiene il potere deve combattere per la giustizia, per un sistema nuovo che privilegi la sopravvivenza al profitto e il cambiamento che trasforma e porta prosperità al mantenimento dello status quo. È una speranza radicale: sapere che il futuro può essere migliore e che siamo quelli che devono trasformare quel futuro in realtà.

L'opportunità migliore risiede nella nostra mente e nel nostro cuore, nella capacità di immaginare che un mondo del genere sia possibile.

Viviamo un momento spaventoso e traumatico, ma ci siamo dentro insieme. Tra le diverse possibilità presentate in questo libro, la più importante che voglio che consideri è che il nostro futuro è tutta questione di ciò che ci raccontiamo. Confidare che le azioni che intraprendiamo daranno risultati specifici è proprio ciò che ci consente, inconsciamente, di andare avanti. Lavorare per un buon futuro lo rende possibile, ma non possiamo adoperarci per un buon futuro se non lo crediamo possibile.

Qual è la cosa più importante che puoi fare

La mia teoria del cambiamento è semplice: miliardi di persone che prendono in mano la propria vita, con energia e con la voglia di combattere insieme.

Troppo spesso sentiamo dire che in una democrazia rappresentativa la cosa più importante che si può fare è andare a votare. E gli altri giorni dell'anno? Questa è una crisi; non abbiamo il tempo di aspettare le prossime elezioni.

Per fronteggiare in modo adeguato una simile emergenza climatica abbiamo bisogno di un cambiamento definitivo della società. E questo ci ha sempre intimorito, perché ci sembra una cosa impossibile, al di fuori della nostra portata. Ma se per cambiare la società bastasse un gruppo di individui che vivono individualmente la propria esistenza radicale? Tra questi ci sei tu. Se cominciamo a cambiare il nostro comportamento, possiamo produrre un cambiamento più vasto nella società. Infatti dobbiamo compiere sia il mutamento sistemico radicale a cui miriamo sia i mutamenti personali radicali nella nostra vita.

Dapprima potrà apparirci scomodo, ma è davvero più scomodo che condannare noi stessi e i nostri cari a un futuro in cui tutto ciò che rimarrà del nostro pianeta sarà un guscio fumante?

E allora, quali sono le azioni individuali che contano di più? La risposta onesta è: quelle che ti aiutano a essere personalmente più connesso con il mondo e con quanti lo abitano. Dovresti passare in rassegna ogni aspetto della tua vita mediante un calcolatore dell'impronta ecologica (probabilmente il risultato ti sorprenderà), ma il punto qui non è spuntare un certo numero di caselle, bensì reimmaginare un rapporto con il pianeta che ti aiuti a vivere un'esistenza più appagante e sana e a garantire la sopravvivenza del nostro ecosistema.

Ecco perché penso che la cosa più importante che ciascuno di noi può fare riguardo ai cambiamenti climatici sia parlarne. Con chiunque sia disposto ad ascoltarci. Viviamo in un periodo di crisi e durante una crisi ci sono voci che spesso vengono soffocate. Se qualcuno ti parla dell'emergenza climatica e del modo in cui influisce sulla sua vita, stallo ad ascoltare.

Parlare del clima è ciò che crea la pressione sociale e politica per un'azione radicale. È anche un passo radicale individuale in sé, in un mondo che tratta i discorsi sui mutamenti climatici come un tabù, perfino tra amici. E invece, è parlandone che si costruisce un mondo migliore. Imparare, ascoltare ed entusiasmarsi per modi nuovi di esistere sul nostro bel pianeta sono cose impossibili senza un dialogo.

Che fare delle centinaia di multinazionali responsabili del grosso delle emissioni? E dell'industria petrolifera e metanifera? Queste orrende società vanno nazionalizzate oppure chiuse. Ma per farlo, prima ne dobbiamo parlare.

E questo significa mettere da parte l'idea dell'apocalisse. Il vecchio mondo già non esiste più. Rimarremo smarriti, alla deriva, in uno stato indefinito, fintantoché non inizieremo il lavoro comune di costruirne uno nuovo.

Un mese dopo la furia catastrofica dell'uragano Dorian sulle Bahamas alla fine del 2019, più di mille persone erano ancora disperse e settantamila senzatetto, in un paese che contava appena quattrocentomila abitanti. La tempesta ha provocato anche un grave shock economico: il 58 per cento del prodotto interno lordo è andato perso da un giorno all'altro. Il Primo ministro Hubert Minnis l'ha definita «una delle peggiori crisi nazionali nella storia del nostro paese».[166]

Ma neppure questi fatti deprimenti riescono a dare l'idea di ciò che deve aver passato la gente in quel giorno terribile. Rumori innaturali di lamiere squarciate e legno spaccato, la pioggia, la sabbia e le onde che picchiavano forte su ogni superficie. Si è saputo di un uomo bloccato su una sedia a rotelle rimasto nell'acqua per quarantotto ore. Che qualcuno sia sopravvissuto dimostra la tenacia dello spirito umano.

Come forza della natura, Dorian non aveva paragoni. È stato l'uragano più violento che abbia toccato terra nei centocinquant'anni da quando vengono registrate le tempeste nell'Atlantico. La sue cause, però, erano tutt'altro che naturali. In quei venti e in quelle onde erano racchiuse decisioni di secoli.

Subito dopo l'uragano, i titoli descrivevano l'arcipelago caraibico con parole come "in ginocchio", "inferno" e "devastazione"... e poi, come al solito, i media internazionali non ne hanno più parlato.

I cambiamenti climatici, in sé, sono un fenomeno semplice che potrei spiegare in un solo paragrafo: per un caso della fisica, i combustibili fossili sono una riserva quasi perfetta di energia e la loro scoperta ha contribuito ad accelerare secoli di colonialismo, intrappolandoci in un rapporto estrattivo con il nostro pianeta e tra di noi. Il conseguente squilibrio delle risorse è stato sfruttato da quanti detenevano il potere economico o militare, arricchendo pochi a spese di molti.

La soluzione però non è puramente tecnica. La narrazione fin troppo familiare dell'apocalisse non lascia spazio alla giustizia o alla rigenerazione. Dobbiamo fare di meglio. In qualche modo, dobbiamo anche imparare a trattarci meglio a vicenda.

Ma come si fa? Capire i passi da compiere per affrontare questa emergenza è difficile. Non ci sono modelli informativi, satelliti, sistemi radar né grafici a forma di bastone da hockey che possano aiutarci a tracciare il percorso verso il tipo di civiltà che dobbiamo urgentemente costruire.

Di certo, l'unico modo per cominciare è fare i conti con la gravità del momento, riconnetterci con la nostra comune umanità e andare avanti insieme. Per dirla con il presidente John F. Kennedy, dobbiamo fare queste cose «non perché sono facili, ma perché sono difficili».[167] Rallentare il collasso del pianeta è forse la cosa più ardua che mai ci troveremo a dover fare come specie, ma è anche – inequivocabilmente – la più importante.

Nell'intero corso della storia, nessun'altra forza umana a eccezione dei conflitti armati ha mai scacciato così tante persone dalle proprie case. Nessun'altra forza avrebbe potuto distruggere un'intera isola da un giorno all'altro, rendere inabitabili vaste aree del pianeta o far affondare sotto il mare le tombe secolari degli antenati.

Oggi nel mondo ci sono più di settanta milioni di profughi. Non disponiamo di cifre affidabili su quante di queste evacuazioni siano legate al degrado ambientale o ai cambiamenti climatici, non da ultimo perché questi colpiscono duramente quasi ogni luogo della Terra; tuttavia senza un radicale mutamento di rotta, il loro numero potrebbe decuplicarsi nel corso della nostra vita.

Chi scrive di clima spesso finisce per usare metafore belliche, ma i mutamenti climatici non sono una guerra, bensì un genocidio. Sono dominazione, estinzione. Sono la manifestazione più recente di come uomini potenti, nell'intero corso della storia, hanno cercato di derubare i meno potenti e liquidarli come molesti. Vedere i cambiamenti climatici in quest'ottica trasforma tutto.

La cosa ancora peggiore del modo in cui parliamo di questo momento storico è che la narrazione dell'apocalisse climatica non è uno stimolo all'azione. Anzi, aiuta a rafforzare il luogo comune di andare avanti come al solito: se le Bahamas sono perse comunque, perché cambiare rotta?

Dai discendenti degli schiavi alle Bahamas, costretti di nuovo sulle navi per fuggire, alle terre che bruciano delle popolazioni indigene dell'Amazzonia, le cui foreste sono abbattute per allevare bestiame e piantare soia, ai profughi siriani di un conflitto scatenato in parte da anni di siccità, l'emergenza climatica sa di violenza.

Non c'è bisogno di convincere chicchessia alle Bahamas che adesso tutto è diverso. Poiché il paese ha contribuito per appena lo 0,01 per cento alle emissioni globali di gas serra eppure subisce le peggiori conseguenze dell'emergenza climatica, nessuno là dev'essere convinto che la disuguaglianza è parte del problema.

Un'altra cosa che gli abitanti di Abaco o Gran Bahama sanno di certo è che ci vorranno anni – se non decenni – per ricostruire la propria vita dalle macerie. Su *The New Yorker*, lo scrittore bahamense Bernard Ferguson ha reso bene questo sentimento quando diceva: "Il bilancio dei morti, quando verrà fatto, non potrà mai essere un'espressione completa o precisa delle vite che la tempesta ha mietuto".[168]

Per coloro che vivono sulla linea del fronte dei cambiamenti climatici in tutto il mondo, non esiste difesa fisica contro questo tipo di violenza innaturale provocata dall'uomo. "La difesa più potente che abbiamo" ha aggiunto Ferguson, "è elaborare strategie e organizzarci collettivamente, in modo transnazionale, per invertire la rotta."

Questa è la vera faccia dell'emergenza climatica, non storie di tecnologie solari e leader mondiali che sottoscrivono un accordo tiepido, e di certo non un'elementare teoria fisica consolidata.

Sono le rivoluzioni che si verificano minuto per minuto in quasi ogni casa e quartiere del mondo dove le persone rivendicano semplicemente il diritto a esistere. Non è soltanto l'immagine attuale di una famiglia tra le macerie della sua isola; l'emergenza climatica ha anche il volto dei cinquecento anni di colonialismo nelle Americhe. È una lunga storia, perché i cambiamenti climatici sono una crisi del rapporto con i nostri simili e la natura.

Ciò che il momento richiede è la chiarezza morale come quella dimostrata alle Nazioni Unite da un'adolescente svedese e da innumerevoli altri giovani di ogni parte del mondo.

Dobbiamo avere la consapevolezza viscerale che non possiamo più abbandonare il nostro prossimo nel momento di maggior bisogno. Dobbiamo imparare di nuovo l'interdipendenza. Dobbiamo trovare un modo di riscrivere questa storia che non si concluda con l'apocalisse.

Nel frattempo, il mio consiglio immediato è quello di uscire a goderti la Terra così com'è adesso. Stare all'aria aperta arreca benefici fisici e mentali. Fai parecchie di queste cose (o almeno qualcuna):

Fai una passeggiata nel bosco.

Fai arte (all'aperto).

Fai snorkeling.

Incontra fisicamente un'altra persona con cui hai interessi in comune.

Osserva gli insetti.

Fai birdwatching.

Partecipa a uno *star party* e rifletti sul tuo posto nell'universo.

Vai in kayak.

Gira un'isola a piedi.

Va' in un frutteto e cogli la frutta matura.

Soggiorna in una casa sull'albero.

Va' a una partita di baseball.

Da queste cose trarrai ispirazione per farne altre:

Avvia un'impresa (non-profit): come titolare di un'impresa di pulizie che usa detergenti green, per esempio, hai l'opportunità di parlare dei cambiamenti climatici con ciascuno dei tuoi clienti.

Candidati alle elezioni: negli ultimi anni, hai sentito con le tue orecchie i membri della tua comunità che chiedono il cambiamento. Puoi contribuire a realizzarlo.

Diventa insegnante: il modo migliore di cambiare il futuro è aiutare le persone del futuro a emanciparsi mediante il sapere.

Diventa contadino: che tu viva in una comunità urbana, suburbana o rurale, il nostro sostentamento viene dal suolo. Lo devi alla Terra di amministrarlo in maniera responsabile. Trova un fazzoletto di terra da coltivare e godi della sua generosità.

Pretendi che le autorità locali si attivino: collaborare con i consigli comunali su cose semplici e necessarie come le piste ciclabili aiuterà a realizzare un futuro alimentato a energia umana. E siccome le biciclette sono una delle invenzioni a più alta efficienza energetica nella storia, migliorerai da subito l'ambiente.

Ma la cosa più importante di tutte è che parli dei cambiamenti climatici con le persone che ti sono vicine. Costruisci reti solidali tra spiriti affini e una visione condivisa di un mondo migliore.

Come parlare dei cambiamenti climatici con le persone con cui sei in disaccordo

Sono cresciuto in una città mineraria e agricola che ha votato per Trump con un margine del 43 per cento. Parlare dei cambiamenti climatici ai miei genitori è sempre stato difficile.

Ma il tempo di arrabbiarsi con chi li nega è finito. È ora di trovare un terreno comune; non abbiamo più tempo per metterci a discutere.

Elaborando una visione irresistibile di un mondo migliore, saremo in grado di superare l'influsso insidioso dell'industria fossile con il più grande e potente movimento incentrato sulle persone nella storia mondiale. Per me, quel tipo di rivoluzione è l'unica strada che ci porterà dove dobbiamo andare nel tempo che ci rimane.

Una persona di cui mi fido per questo genere di cose è Katharine Hayhoe, una climatologa per cui convincere le persone che sono più simili di quanto credono è diventata una missione. E lei mi ha detto: «La realtà è che continueremo a non essere d'accordo su un sacco di punti, ma penso che abbiamo di gran lunga più cose in comune che possiamo portare avanti. Condividiamo tantissimo, e nessuna politica andrebbe attuata per un'unica ragione. È un lusso che non ci possiamo permettere. Se qualcuno è con noi per una ragione diversa, bene! Dobbiamo smetterla di fare i puristi».[169]

Hayhoe prende il carbone a esempio di qualcosa che può mettere insieme gruppi diversi. «Non dovremmo usare il carbone, perché uccide. Ogni anno, duecentomila persone negli Stati Uniti e cinque milioni e mezzo nel mondo muoiono a causa della combustione di carbone e benzina. Se te ne preoccupi ma dici che non è una causa dei cambiamenti climatici, mi sta benissimo essere nella stessa squadra con te a chiedere una tassa sul carbonio o controlli più rigidi sulle emissioni da combustibili fossili.»

Le sue parole mi ricordano di essere paziente nei momenti in cui vorrei dar fuoco al mondo. Il nemico non è chi lavora nelle miniere di carbone. Non è tuo cugino che vola in business class, né il tuo vicino che mangia carne. Il nemico è il sistema dentro cui tutti ci troviamo, lo stesso sistema che è stato il motore dello sfruttamento estrattivo, coloniale e genocida dell'unico pianeta che abbiamo.

Anche se questo libro cerca di delineare come potrebbe nascere un sistema diverso e come potrebbe essere, sono il primo ad ammettere di non sapere con certezza che cosa accadrà di preciso nei prossimi, cruciali decenni. La buona notizia è che questo futuro dobbiamo immaginarlo e realizzarlo insieme. E non ho dubbi che lo faremo... perché non abbiamo altra scelta.

Come sarà il tuo mondo?

Questo momento storico ha bisogno di te. Sapere che cosa puoi fare tu personalmente è più facile di quanto sembri. Sai già quali argomenti ti appassionano. Sai già in che cosa sei bravo. Dove interessi e abilità si sovrappongono lì c'è quello a cui dovresti dedicare il resto della tua esistenza.

La tua vita è la tua storia da scrivere. Ogni singolo giorno devi decidere qual è il tuo rapporto con il mondo. Ecco la bellezza di questo momento: hai la capacità di agire molto più in fretta del sistema politico. Anzi, potresti perfino cambiare subito qualche aspetto relativamente importante della tua vita! Sul serio, metti giù questo libro, vai a fare una passeggiata e pensaci. Immagina un mondo migliore e come potresti riuscire ad avervi un ruolo. Invita qualche amico per palarne. E poi immagina come farlo accadere. Puoi. Io credo in te.

Per aiutarti a capire come realizzare la tua Terra di domani, insieme ad alcuni amici ho preparato la guida all'azione e gli esercizi di riflessione che seguono per stimolare la tua immaginazione a contemplare ciò che è ancora possibile nell'epoca del riscaldamento globale.

ESERCITARSI NEL CORDOGLIO[170]

Il cordoglio non è soltanto tristezza per un lutto, è un'esperienza fisica. Spesso lo associamo alla morte di una persona cara, ma il cordoglio si può estendere anche ad altre perdite. A mano a mano che i media dedicano più spazio ai cambiamenti climatici e siamo bombardati di immagini di lutti ecologici, molti potrebbero trovarsi alle prese con un cordoglio inconscio non affrontato. Basandoci sulle pratiche di ascolto, possiamo iniziare a elaborare e metabolizzare il nostro dispiacere per la Terra con un rituale creativo di cordoglio che può aiutarci a trasferire un po' dell'energia opprimente che ruota intorno a questo argomento in un approccio più creativo e comunicativo.

L'ascolto e la cura sono due atti che potrebbero dare l'impressione di "non fare niente". Chiunque partecipi a queste attività, però, sa quanto lavoro ci vuole per cancellare alcune lezioni culturali, raccolte qua e là, che ci vogliono iperproduttivi e tenuti a superare i limiti naturali per produrre una crescita infinita.

Può essere d'aiuto annunciare che lo scopo della riunione non è "risolvere" i cambiamenti climatici. Nella mia esperienza, quando se ne discute c'è la tendenza a voler trovare subito delle soluzioni e questo esercita una pressione molto forte sulla conversazione e può anche sviarla, perché ci si concentra troppo su un'unica soluzione. Spesso, può essere un modo di sottrarsi al disagio di dover affrontare un argomento spinoso e angosciante. Per lasciare spazio all'esplorazione e all'espressione dei propri sentimenti relativi ai cambiamenti climatici e per avviare la difficile trasformazione del cordoglio personale in azione collettiva, è importante un attento lavoro di ascolto e di cura.

Con i piedi per terra: il grounding

Quando infuria una tempesta, si tende a cercare rifugio. Radicandoci nelle nostre esperienze, coltivando un senso interiore di sicurezza e individuando eventuali risorse di cui avvalerci, possiamo far spazio gli uni agli altri per sperimentare gli aspetti stimolanti del confronto con le lacerazioni, la perdita e il cordoglio prodotti dalla crisi ecologica.

Talvolta, quando partecipiamo a esercizi di gruppo, portiamo con noi la grande energia che ci deriva da ciò che stavamo facendo prima, oppure stiamo già pensando a quel che ci aspetta dopo. Il *grounding* può darti la consapevolezza del tempo e del luogo in cui ti trovi e contribuire a rilassare il tuo sistema nervoso centrale. Ovviamente, prendendo coscienza di ciò che provi, potresti renderti conto anche di quanto sei stanco, ansioso o arrabbiato. Qualunque cosa noti, va bene! Lo scopo è iniziare a placare un po' del tuo slancio affinché possiamo essere tutti nello stesso posto insieme.

Fase 1. Assumere un atteggiamento di curiosità ricettiva

Questo esercizio è più investigativo che orientato a uno scopo. Una parte del processo di familiarizzazione con la propria esperienza soggettiva e con il suo rapporto con il sistema nervoso sta nell'essere curiosi di ciò che si prova. Non è qualcosa da "fare bene". Se quando hai finito non ti senti più calmo, non significa che hai sbagliato. Stai imparando qualcosa sulla tua esperienza. Forse, quando pensi a certe cose ti capita di sentire una parte del corpo intorpidita, oppure una zona particolarmente interessata. Se, un po' alla volta, cominciamo a notare queste cose senza giudicarle, abbiamo l'occasione di offrire un po' di compassione a quegli aspetti della nostra esperienza.

Fase 2. Cominciare limitandosi a stare seduti

Datti il permesso di stare semplicemente seduto. Non devi far succedere per forza qualcosa né raggiungere uno stato di estrema concentrazione. Se sei automaticamente teso o sotto sforzo, concediti una pausa. Sii consapevole che, anche se ti ritrovassi a elaborare elenchi complicati (io non faccio altro che fare liste della spesa!), non devi *per forza* soffermarti su ogni idea o pensiero che ti passa per la testa. Puoi limitarti a star lì seduto, senza intrattenerli né scacciarli.

Fase 3. Sintonizzarsi sulle percezioni sensoriali

Attingere alla resilienza innata del nostro corpo significa anche essere in grado di passare dall'aspetto analitico della mente alla sensazione corporea significativa (il cosiddetto *Felt Sense*) della consapevolezza. Chi ha subìto un trauma, non sempre percepisce il proprio corpo come un luogo sicuro, perciò sentiti libero di tentare per un solo minuto alla volta. Non ti devi costringere a farlo. Esploriamo, impariamo e possiamo procedere a piccoli passi quando sentiamo di avere le risorse per provarci.

Un ottimo inizio è la sensazione dei tuoi piedi sul pavimento. Fai caso se inizi a pensarci o a commentarli e vedi se puoi ricondurre la tua consapevolezza alla sensazione. Avverti la gravità, la pressione. Cosa c'è d'interessante? Il pavimento ti dà una sensazione di solidità? Puoi immaginarti a contatto con il pavimento che ti sostiene? Continua a notare gli altri punti di contatto. Le tue gambe e natiche contro il cuscino o la sedia. Sii curioso. Respira. Passa in rassegna la tua schiena dalla base della colonna vertebrale alle spalle. Avverti sensazioni positive? Ci sono punti di tensione? Puoi provare curiosità anche per le sensazioni neutre? Com'è la temperatura? Limitati a essere attento, e curioso. Se sei appoggiato allo schienale, nota quella sensazione di contatto. Se avverti soltanto la sensazione vaga e generica di star seduto, va bene. Concediti di provarla senza costringerti a concentrarti.

Se, alla fine, sei riuscito a sentire anche solo per un momento ciò che accade dentro il tuo corpo, è notevole. Per molti di noi, il processo di familiarizzazione con la sensazione significativa non è facile, o a causa di un trauma o perché il nostro lavoro ci costringe a separarci dal corpo su internet tutto il giorno. Concedersi anche per poco l'occasione di provare sensazioni senza uno scopo particolare può essere incredibilmente terapeutico. Anche soltanto interrompere la spinta a fare-fare-fare finalizzata al rendimento può essere corroborante.

Fase 4. Posare i piedi per terra

Parte di un esercizio di *grounding* è imparare a essere nello spazio in cui ci si trova. C'è qualcosa nel momento o nel posto in cui ti trovi che indica questa specificità di luogo e tempo? Rumori, temperature, l'atmosfera in generale? Non sono cose che dobbiamo scacciare dalla nostra esperienza per concentrarci, anzi ci occupiamo di ogni aspetto del posto in cui siamo e ce ne serviamo. Potresti accorgerti che ti sforzi di essere altrove o di proiettarti nel futuro o nel passato. Va benissimo. Vedremo semplicemente se possiamo usare i sensi per tornare al presente. Un ottimo punto fermo può essere la respirazione, oppure il contatto con il pavimento. O forse il ronzio di un condizionatore. Quello può anche fungere da punto su cui fissare la consapevolezza.

Alcune questioni che ti puoi appuntare dopo una sessione di *grounding*:

- Cos'hai trovato di interessante nella sensazione significativa?
- Sei riuscito a notare sensazioni positive? Quali erano? E quelle negative? Sei riuscito a provare sensazioni neutre? In qualcuna c'era qualcosa di interessante?

- Se sei riuscito a sentirti davvero nella stanza in cui ti trovavi, quali erano le caratteristiche di quella sensazione?
- Se hai notato la tua mente che immaginava il futuro e ricordava esperienze passate, com'è stato?

Il rifugio

Tutti noi abbiamo risorse interiori alle quali possiamo attingere quando la nostra esperienza del mondo ci appare difficile e stressante. Metterne insieme consciamente alcune può essere molto utile per questo lavoro. Ecco alcuni spunti su come coltivare le risorse che possono guidarti.

1. Chi sono le persone alle quali ti potresti rivolgere per essere guidato e ispirato mentre ti confronti con i cambiamenti climatici e i sentimenti che ti suscitano? Potrebbero essere tuoi avi che hanno vissuto eventi difficili, personaggi storici, mentori o persone care che ti fanno sentire amato. Potrebbero perfino essere personaggi di libri o film che incarnano la resilienza e i valori che tu stesso vorresti incarnare. Prenditi un po' di tempo per invitarli a formare la tua squadra di resilienza.

2. C'è un luogo dove ti senti particolarmente a tuo agio e al sicuro? Concediti un po' di tempo per richiamarlo alla mente sotto forma di esperienza sensoriale. Che odore ha? Che cosa si vede? Ci sono delle sensazioni fisiche associate a quel luogo? Che rumori si sentono?

Prenditi un po' di tempo per rendere tangibili quelle sensazioni. Sperimenta cosa provi a trovarti lì e lascia che il tuo corpo avverta la sensazione di agio o sicurezza, o qualsivoglia altro sentimento associato all'essere in quel luogo.

3. Se questo luogo e la tua squadra dovessero dimorare in un punto del tuo corpo a cui puoi accedere quando ti servono, dove sarebbero? Prenditi un po' di tempo per vedere cosa ne viene fuori. Può essere facile usare il cuore o il centro del petto con il gesto di appoggiarci la mano quando senti il bisogno di evocare il tuo luogo sicuro e la tua squadra di resilienza. Ma potrebbe anche presentartisi qualcos'altro. Prova a muovere e ad ascoltare il tuo corpo ed esplora dove potrebbero risiedere la sicurezza e la resilienza.

4. Impegnati a ricordare questa sensazione di sicurezza quanto ti senti minacciato, a disagio o agitato durante l'esercizio o la conversazione. Non si tratta di fingere di non avere emozioni negative riguardo ai cambiamenti climatici, bensì di permetterti di essere presente e offrire rifugio a te stesso e agli altri anche in caso di turbolenza interiore o esteriore.

Attivare lo sconcerto

Cosa succede quando non hai sistemi di riferimento? Sei più aperto e noti più cose. Una volta che "sai" e che la tua mente ha collegato l'esperienza presente a schemi preconcetti, ti accorgi delle cose soltanto in un modo che ha attinenza con essi.

La mente racconta sempre storie circa le nostre esperienze e se quando avviene ci facciamo caso, forse possiamo imparare a raccontarle in maniera aperta e creativa piuttosto che con nichilismo e disperazione.

Si può sperimentare lo sconcerto in vari modi. Tra i metodi che ho praticato c'è l'ascolto di musiche suonate con strumenti insoliti o di registrazioni sul campo con vari rumori; i partecipanti ascoltano e osservano come la loro mente cerca di identificare ciò che sta producendo un suono, poi provano a tornare all'esperienza piena dell'ascolto senza concentrarsi sulla fonte sonora.

Un altro esercizio consiste nel prendere un grosso sacco pieno di oggetti di consistenze diverse. I partecipanti chiudono gli occhi e infilano la mano nel sacco per prelevarne uno. Può durare soltanto una frazione di secondo, ma riescono a sentire l'oggetto senza tentare di identificarlo?

In seguito, i partecipanti possono rimanere seduti dieci minuti ad annotare ciò che è emerso dall'esercizio, ciò che hanno percepito. A quel punto si può aprire un dibattito sulle esperienze fatte.

Ascoltarsi a vicenda

Testimoniare la sofferenza propria e altrui è una forma di azione compassionevole. Dividendoci in coppie, ci ascoltiamo a turno. Ciascuno ha cinque minuti per parlare. Chi parla si esercita a tradurre in parole la sua sensazione significativa. Chi ascolta si esercita a prestare ascolto senza muovere la testa per annuire o negare e senza pianificare le proprie reazioni. Se l'ascoltatore si accorge che si sta distraendo, può semplicemente riportare con dolcezza l'attenzione sulle parole del partner. Dopo cinque minuti ci si scambiano i ruoli. Quando entrambi hanno parlato, negli ultimi cinque minuti si dialoga apertamente e si può discutere di ciò che si è provato durante l'esercizio. Poi il gruppo si riunisce di nuovo e se ne può discutere ancora.

Il quadro partecipativo – creare un rituale del cordoglio

Partendo dagli esercizi di apertura allo sconcerto e di ascolto profondo delle emozioni e dei punti di vista altrui circa la crisi climatica trattenendo i nostri, passiamo ora a metabolizzare il cordoglio mediante l'esercizio collettivo. In che modo elaboriamo lacerazioni, perdite e cambiamenti come individui? A mano a mano che lo stress dei cambiamenti e del lutto influisce sul nostro corpo e sulla nostra mente, potremmo reagire in base a schemi appresi in tenera età. A seconda di come ci è stato insegnato (o non insegnato) ad affrontare i traumi della nostra esistenza, potremmo ripetere quegli stessi schemi in reazione ai cambiamenti climatici. Forse alcuni di quei comportamenti ci hanno aiutato a sopravvivere da giovani e reso la sofferenza più facile da gestire a noi stessi e a chi ci era vicino. Il nostro compito, adesso, è passare in rassegna ed elaborare alcuni di quegli schemi così da reagire e partecipare, anziché lasciarci guidare solo dall'istinto di sopravvivenza. La reazione è un atteggiamento più flessibile, intenzionale, spontaneo e curioso. Possiamo affrontare il cambiamento insieme, invece di comportarci in modi che c'impediscono di essere davvero uniti. La nostra cultura insiste molto sul "rimettersi in sesto" e "ripartire" senza però offrire il sostegno per poterlo fare davvero. Ecco alcuni strumenti che un gruppo può utilizzare per applicare la terapia relazionale alla crisi climatica.

Riconoscere il lutto

Essere in grado di dire la verità senza avvertire la pressione a addolcire le nostre perdite è un aspetto importante del riconoscimento del lutto. Non possiamo iniziare a creare una storia coerente per superare la crisi climatica se prima non siamo in grado di dare un nome a ciò che proviamo. Ecco alcune cose da discutere in coppia o in comune, oppure mediante un diario:

- Che cosa senti di aver già perso con i cambiamenti climatici?
- Che cosa temi di perdere?
- Puoi specificare le sensazioni e/o emozioni che ti suscita identificare le cose che senti diverse?
- Quali sono i valori che ti sembrano persi e ti piacerebbe incarnare, a breve termine nell'ambito di queste sedute, e a lungo termine nella tua vita?

Ri-membrare

Ri-membrare o rimettere insieme la nostra storia dopo la lacerazione del lutto e del cambiamento è un modo per recuperare nell'esperienza del momento attuale ciò che vi sentiamo mancante o perso. E condividerlo con gli altri consente al gruppo di preparare il terreno per creare insieme narrazioni nuove. Consente anche di tornare alla vita e alle relazioni con occhi nuovi. Se non ci siamo per gli altri nei momenti di pena e sofferenza, corriamo il rischio che emergano storie superficiali, anziché profondamente radicate. I sentimenti di pena, rabbia, frustrazione e disperazione sono reazioni basate sulla preoccupazione: ci preoccupiamo per le persone, i luoghi e le cose che risentono dei cambiamenti climatici e ne sono minacciati. Possiamo onorare quella preoccupazione come una forma di vita, amore e contatto?

- Che cosa ti aiuta a ricordare quei momenti in cui hai provato amore e preoccupazione per questo mondo, per gli altri esseri viventi e l'ambiente?
- Puoi esprimere ciò che provi attraverso la poesia, il disegno, il suono, il movimento?
- Scrivi una lettera a te stesso dal tuo io futuro o dalla comunità futura che immagini. Quali consigli o parole di conforto ti senti di trasmettere?

Integrare e condividere doni

A seconda del lavoro svolto fin qui, l'integrazione e la condivisione possono assumere molte forme. Se si è fatto ricorso alle arti visive e al disegno, si possono eseguire degli esperimenti con un grande murale su carta da pacchi, prendendo spunto dal lavoro fatto individualmente. Se invece i partecipanti hanno scritto lettere, poesie o diari, puoi invitarli a condividerle. Anche movimenti e suoni si possono condividere e combinare spontaneamente, se i partecipanti se la sentono. I facilitatori possono incoraggiare e sostenere questa collaborazione nel creare espressioni collettive. Ecco alcuni elementi chiave da esplorare:

- Qual è un'intuizione o un progresso significativi che tu e/o il gruppo avete raggiunto durante il processo?
- Ne è scaturito qualcosa che vorresti portare con te nella vita? Un piccolo passo che potresti compiere? O un sentimento che ti potrebbe servire nei momenti difficili?
- C'è qualcosa che ti senti spinto a condividere con qualcuno in particolare o con il gruppo?

Le pratiche migliori

I facilitatori dovrebbero avere qualche esperienza nel fare spazio alle emozioni collettive, assistendo gruppi di sostegno, circoli di meditazione, oppure come individui che hanno consciamente affrontato il proprio cordoglio per una perdita interpersonale. Sono utili anche conoscenze di terapia sensomotoria, come lo yoga o altre pratiche corporee. Se riuscite a mettere insieme persone esperte in ciascuna di queste categorie, il gruppo può funzionare anche come una sorta di condivisione delle competenze: una "squadra di resilienza" che possa fornire, a chi è digiuno dell'argomento, uno spazio dove sentirsi libero di esprimere le emozioni difficili che spesso emergono quando si discute il cambiamento.

Qualche nozione di elaborazione del lutto e di terapia sensomotoria può essere un'ottima cosa per questo genere di lavoro, ma non lasciare che la mancanza di esperienza t'impedisca di offrire compassione e assistenza per paura di sbagliare.

Il pronto soccorso emotivo. Molti si accostano a questo tipo di lavoro con tanta paura e pena. Persino da facilitatori, potremmo notare l'insorgere in noi di questi sentimenti. Pur volendo lasciare un po' di spazio alla loro elaborazione, è cruciale che siamo coscienti del danno psicologico e spirituale che si può produrre quando le persone si sentono respinte, sole e spaventate. Se stiamo creando uno spazio per lavorare con qualcosa di potenzialmente sconvolgente come i cambiamenti climatici, dobbiamo essere consapevoli di queste cause scatenanti. Evita di criticare il modo in cui qualcuno reagisce alla crisi climatica; fai più domande e punta alla curiosità.

Parlare dal proprio punto di vista. Inquadrare le tue parole nel tuo punto di vista può essere un ottimo sistema per superare supposizioni e preconcetti. Se parli per te, invece di imporre una presunta esperienza condivisa, inviti al contatto anziché universalizzare la tua opinione. Parlando dal nostro punto di vista, possiamo lasciare alle nostre opinioni lo spazio per modificarsi con la consapevolezza del gruppo e in rapporto a esso. Si possono iniziare le frasi con «Secondo la mia esperienza», o «Ho notato che» piuttosto di dare qualcosa per scontato con un «Noi sempre...».

Non giudicare. Ci può essere la tendenza a etichettare alcune emozioni come positive e altre come negative, per poi rinnegare o evitare quelle considerate negative. In questa esercitazione, potete partire dal presupposto che tutte le emozioni sono informazioni utili che il nostro corpo e la psiche ci danno in relazione al nostro ambiente. Badate a non incitare le persone a liberarsi delle emozioni difficili, ma non siate nemmeno troppo indulgenti. Dobbiamo mirare a un equilibrio tra l'essere testimoni coinvolti che offrono conforto e servire da contenitori per sperimentare insieme questo processo.

ESERCITARE L'IMMAGINAZIONE[171]

Benvenuti.

Stiamo vivendo un momento apocalittico. Non possiamo tornare al mondo che era perché quel mondo non esiste più. Invece, sta a noi contribuire a realizzarne uno nuovo. Da sempre, in tutto il pianeta, alcune persone hanno immaginato una realtà oltre l'apocalisse. Tra i vostri antenati c'è qualcuno, in qualche luogo e in qualche tempo della storia vicina o lontana, che lo ha fatto. La prima fase è ricordare che potete farlo – che possiamo farlo – perché l'abbiamo già fatto.

Le pagine che seguono sono una guida e un invito a immaginare e mettere in pratica la storia del vostro futuro. Immaginare come si possa trasformare il mondo è un lavoro duro, che ci coinvolge emotivamente, ma necessario. Farlo con amici lo rende più facile e meno solitario.

La brutta notizia è che, per molti, è fin troppo spesso più facile immaginare la fine del mondo che immaginare un mondo o dei mondi al di là del nostro attuale sistema di estrazione e sfruttamento. La buona notizia è che il potere di cambiare quella realtà è già dentro di voi. La chiave per sbloccarlo è l'elaborazione del cordoglio.

Nel momento in cui iniziate a piangere un lutto, cominciate a impegnare la vostra immaginazione, la vostra creatività in favore della capacità di agire e dell'azione positiva per il futuro.

Ricordate, prendersi cura gli uni degli altri significa prendersi cura del clima. Non arriveremo dove dobbiamo gingillandoci ai margini di un sistema fondamentalmente ingiusto. Non si tratta soltanto di realizzare piste ciclabili e pannelli solari, ma di costruire una società nuova. Dobbiamo sapere, nel profondo del cuore, che ogni singola persona conta e che *possiamo* condurci a vicenda attraverso questo tempo in una Terra futura che funzioni per tutti.

Riporto qui sotto una serie di princìpi che guidano gran parte del mio lavoro visionario, seguiti dall'esempio di un esercizio di immaginazione a livello locale. Storie e progetti di ordini del giorno si possono trovare all'indirizzo www.ericholthaus.com/futureearthstories.

Princìpi per immaginare la terra che sarà

"Piccolo è bello, piccolo è tutto." *Principio della strategia emergente*

Comincia più in piccolo di quanto pensi. Se è la prima volta che fai una sessione di immaginazione di gruppo, tre persone (te compreso) sono un buon numero.

Inizia avendo in mente la fine.

Chiediti perché stai facendo questo esercizio di immaginazione. Vuoi infondere un po' di speranza nei tuoi vicini? Vuoi esortare amici o famigliari ad agire? Cerchi di stimolare il dialogo in tutta la città? Quali che siano le tue motivazioni, devi averle ben chiare affinché determinino il processo di pianificazione. Se vuoi infondere speranza nel tuo quartiere, quell'obiettivo dovrebbe influire sulla scelta di chi invitare e sulle storie che programmi di creare con il gruppo. L'obiettivo sarà molto diverso nel caso tu voglia creare e attuare riforme su larga scala e nuove visioni convincenti nella tua città.

Collaborazione anziché competizione.

Nelle nazioni industrializzate occidentali tendiamo a credere che la competizione sia il modo migliore di procedere, ma la storia dell'evoluzione è in larga misura una storia di collaborazione. Immaginare e lavorare insieme sono cruciali per la sopravvivenza. (Eppure ci sono persone ancora convinte che la competizione sia la maniera migliore di procedere. Sta' attento, ma ricorda anche che tutti hanno la capacità di cambiare.)

Ripetiti, ripeti, ripeti.

Non c'è una visione "giusta". L'immaginazione influenza la realtà, che a sua volta influenza le immaginazioni future all'infinito. Crea la tua visione, impara quelle altrui e lasciate che le vostre visioni si influenzino a vicenda; poi immaginate di nuovo! Lavate, risciacquate, ripetete.

Dall'io al noi.

Tu conti. La tua visione e immaginazione individuali sono necessarie. E il potere di diffondersi e ingrandirsi deriva dall'intessere a combinare ciò che immaginiamo. Non dimenticare mai che tu conti. Non dimenticare mai che noi contiamo. Noi non possiamo raggiungere la meta senza di te, né tu la puoi raggiungere da solo.

"Dovunque c'è un problema, ci sono sempre persone che reagiscono a quel problema in qualche modo."
*Principio dell'*Allied Media Projects

Trovale e ascoltale. Magari sono nel tuo quartiere, nella tua regione, o in un altro continente, ma esistono. Potrebbero essere persone che in precedenza hai ignorato. Potrebbero essere persone che in genere la società ha considerato inferiori o che i nostri sistemi sociali hanno attivamente emarginato. Ascoltale comunque! A volte la cosa migliore che puoi fare per contribuire a risolvere un problema è lasciare la parola a qualcun altro.

Esempio di percorso

Fase 0. *Raduna il tuo gruppo.*

Persone: da 3 a 8.

Tempo: da 2 a 3 ore.

Ubicazione: un soggiorno, uno studio o una sala da

pranzo; qualsiasi spazio dove non sarete interrotti e potrete parlare apertamente in pace.

Fase 1. *Presentazione.*

Fa' il giro e chiedi a ognuno di dire come sta e qual è la cosa che lo entusiasma di più di questo tempo da trascorrere insieme.

Fase 2. *Predisponi la scena.*

Scegli un luogo e un tempo in cui ambientare il sogno.

Luogo: idealmente è una dimensione in cui già ritieni di avere il potere di operare un cambiamento: case, edifici(o) o quartieri di solito sono scelte sicure. Un'intera città forse è un'esagerazione, ma potrebbe anche non esserlo, a seconda di chi fa parte del tuo gruppo. In questa fase, stati o nazioni sono assolutamente troppo grandi.

Tempo: cinque anni sono spesso un lasso di tempo abbastanza lungo per permettere qualche cambiamento concreto, ma abbastanza vicino da non apparire irreale. O magari vuoi cominciare con qualcosa di piccolo e concentrarti su un'unica conversazione con un amico: per quello cinque giorni potrebbero bastare e, a seconda di chi è il tuo interlocutore, immaginare in anticipo il vostro dialogo potrebbe essere di enorme utilità. Ma se non funziona per il tuo gruppo, cerca di capire cos'è meglio.

Sviscerate alcuni problemi da affrontare nella scala che avete scelto. Consiglio di dedicare a questo dai dieci ai venti minuti. Poi, come gruppo, individuate uno o due problemi sui quali siete particolarmente interessati a lavorare insieme.

Scegli i tuoi personaggi. Includi senz'altro te stesso. Includi altre persone che ti stanno a cuore nonché quelle che ritenete importanti per il/i problema/i su cui intendete lavorare. Se ti senti avventuroso, includi anche persone che ancora non ti credono.

Fase 3. *Sogna.*
Descrivi in una storia come sarà il tuo luogo/tempo dopo aver risolto il/i problema/i scelto/i dal gruppo. È meglio farlo da soli in una stanza tranquilla. Vanno bene tanto un portatile quanto carta e penna. Contare le parole è meno importante che lasciar spaziare la fantasia. Prenditi mezz'ora, ma sappi che non sarà sufficiente per immaginare la Terra che sarà. (Potresti scrivere per due ore e non ti basterebbero comunque.) Alcuni spunti per una storia sono un dialogo tra due persone in futuro o una lettera dal futuro a qualcuno nel presente (per esempio, io che scrivo nel 2060 ai miei nipoti).

Fase 4. *Discussione.*
Condividete ciò che avete immaginato. Potete scambiarvi le storie, leggerle ad alta voce o limitarvi a discutere ciò che ciascuno di voi ha scritto.
Prestate attenzione alle somiglianze e alle differenze tra le varie visioni. Notate qualche schema ricorrente?

Fase 5. *Le fasi successive.*
Decidi cosa vuoi fare dopo. Potreste:
- fare un secondo giro di scritti, integrando le storie che avete immaginato con elementi (personaggi, soluzioni, aspetti dello scenario) presi dal-

le storie di altri membri del gruppo. Condividete di nuovo e osservate la magia che si sprigiona!

- Condividere le storie con persone esterne al gruppo. Scegli una scadenza, rifinisci ciò che avete prodotto e pensa a come condividerlo. Potresti:
  - combinare le storie per condividerle in forma cartacea, come un giornalino o un opuscolo;
  - metterle online su un blog o sul sito web di qualcuno;
  - inviarle per e-mail ai tuoi amici per stimolarli a venire alla prossima sessione di immaginazione.
  - Qualunque cosa tu decida di fare, è importantissimo che tu condivida la tua visione o le tue visioni con le persone appartenenti alla comunità di cui hai fantasticato. È l'ambito su cui potrai influire maggiormente. Puoi anche condividerle sul sito www.ericholthaus.com/futureearthstories.
- Organizzare un'altra riunione con persone nuove e diverse o invitandone di più. Non dimenticare di aggiornare le tue motivazioni o di accertarti che il tuo ragionamento iniziale sia ancora valido.
- Fare qualsiasi altra cosa il tuo cuore desideri.

Domande su cui riflettere

- Qual è l'identità delle persone nel tuo gruppo? A che sesso, razza e classe appartengono? Parlano tutte la stessa lingua e con la stessa competenza? Qual è il loro rapporto con i bambini? Qual è la loro nazionalità? Quali identità sono presenti nel tuo quartiere ma non nel tuo gruppo? Potresti invitare le persone con quelle identità la prossima volta? Come potresti aiutarle a svolgere la loro sessione d'immaginazione così da scambiare storie, intuizioni e idee in futuro?

- Quali elementi del presente/passato hanno creato o forgiato il futuro che immagini? Discutine con il tuo gruppo. Se non sei sicuro, indaga su questi elementi prima della prossima riunione.
- Discutete di ciò che impedisce ai mondi che avete immaginato di diventare realtà. Localmente, ci sono modi nei quali il tuo gruppo potrebbe contribuire a rimuovere gli ostacoli? Se già ci state lavorando, ci sono modi per collegarsi con gruppi in altri luoghi che lavorano per rimuovere gli stessi ostacoli?

Soprattutto, divertiti e parla liberamente. Ricorda, stai costruendo un mondo che sarà irresistibile.

Ringraziamenti

Questo libro è il mio tentativo di immaginare una visione radicale di come potrebbe essere il nostro futuro. Queste pagine sono la mia lettera d'amore al mondo e, come ogni lettera d'amore, inviarla mi fa sentire molto vulnerabile, però sono pronto.

Ho lavorato a questo progetto soprattutto nelle terre natie occupate del popolo Mdewakanton Dakota, ma anche nelle terre dei Klallam, Tohono O'odham, Kaw, Lenape e della Confederazione Haudenosaunee. Per secoli i Mdewakanton Dakota erano vissuti in armonia con il mondo intorno a loro, e in particolare con le acque del Mnisóta Wakpá, il fiume Minnesota, che davano loro di che vivere. Ma quando arrivarono, i coloni europei li scacciarono a forza e smembrarono le loro famiglie nel tentativo di eliminarli. Eppure sono ancora qui e hanno un sacco di cose da insegnarci.

Riconoscere questa storia non basta. So che devo adoperarmi per riparare il danno storico di cui mi avvantaggio personalmente e per costruire un mondo incentrato sulla giustizia. Questo spirito di riparazione ha ispirato il mio intero progetto.

Consultandomi con le popolazioni indigene, e soprattutto con la gente delle Isole Marshall, ho imparato che il futuro non è mai predestinato. Ci reinventiamo di continuo. Fa parte di ciò che ci rende umani. L'emergenza climatica non è la prima minaccia esistenziale che abbiamo affrontato come specie e possiamo ancora cambiare radicalmente rotta. Per farlo, tuttavia, dobbiamo ascoltare persone con esperienze e opinioni diverse.

Ho anche cercato di portare avanti questo progetto come un esperimento di giornalismo a basso impatto ambientale. Invece di andare di persona nei luoghi che descrivo, ho tentato di convincere le persone di quei luoghi a raccontarmi le loro storie, per quanto possibile, al telefono o per iscritto. Ho iniziato questo progetto affascinato dalle Marshall e ho cercato di parlare con il maggior numero di persone che vi abitano. Poi sono venuto a conoscenza delle vicende degli abitanti della Micronesia e come la loro esistenza sia condizionata non soltanto dall'inquinamento prodotto da paesi lontani, ma pure dall'eredità nucleare e dalle pressioni economiche del colonialismo. Nei cinque anni che mi ci sono voluti per scrivere questo libro ho parlato con centinaia di persone in decine di nazioni. Non sono riuscito a farlo con tutti quelli che avrei voluto ascoltare, ma questo è soltanto l'inizio di una filosofia giornalistica che continuerò a seguire per il resto della mia vita.

Nel preparare questo progetto, di sicuro avrò commesso degli errori, e altri ne farò. Chiedo scusa se ho fatto a mia volta del male descrivendo dal mio punto di vista inesatto le sfide che ci troviamo ad affrontare. Scrivere questo libro mi ha permesso di esplorare il mio status di privilegiato. È stato importante per me essere sicuro di farlo in maniera rispettosa. Ho imparato che ho ancora tanto da imparare, ma ciò che mi dà speranza è che i futuri ancora possibili saranno diversi da qualsiasi cosa io abbia mai immaginato. Questo libro mi ha cambiato e mi auguro che cambierà anche te.

Niente di tutto questo sarebbe stato possibile senza l'instancabile sostegno della mia agente, Brandi Bowles, e del mio editor, Miles Doyle, la cui pazienza è davvero leggendaria. Ringrazio anche coloro che mi hanno diretto nella mia occupazione principale durante gli ultimi cinque anni: Eliza Anyangwe, Rob Wijnberg, Nikhil Swaminathan, Darby Minow Smith e Torie Bosch; soprattutto Torie, che in pratica mi ha insegnato a scrivere. E un grazie particolare a Caroline Contillo e Lawrence Barriner II, che hanno elaborato gli esercizi di cordoglio e immaginazione. Spero che contribuiranno a far nascere un movimento che cambierà il mondo.

Alcune delle idee e degli scritti inclusi in questo libro erano già apparsi in *Rolling Stone*, *Grist*, *Slate*, *Pacific Standard* (RIP), *Quartz*, *ThinkProgress* (RIP) e *The Correspondent*. Sono grato delle opportunità che ho avuto, in queste e in altre pubblicazioni, di diffondere i miei scritti negli anni. I giornalisti freelance meritano il tuo appoggio. Sostienili.

Sono particolarmente grato per il sostegno morale ricevuto dai miei genitori, Les e Janet Holthaus, mia sorella, Jennifer Atchison, e Karen Edquist, Karin Aebersold, Emily Sharp, Katy Backes Kozhimannil, Patrick Schmitt e tutti gli altri che mi hanno lasciato parlare per ore di quanto fossi stressato, di come non sarei mai arrivato alla fine. Ci sono arrivato, e lo devo a voi. Grazie a tutti quelli che mi hanno mandato le coccinelle e le rane pescatrici disegnate dai loro figli per decorare la nostra casa. Grazie a chi ha compilato la playlist *Deep Focus* su Spotify e a tutti gli artisti dell'ASMR e dell'EDM che mi hanno tranquillizzato e aiutato a concentrarmi. Grazie allo staff del Seward Cafe e di Groundswell, dove ho scritto tante di queste pagine. Grazie a tutti gli agricoltori che hanno coltivato il caffè che mi ha fatto andare avanti. Grazie ai miei fan di Patreon che hanno contribuito a tenere in piedi la nostra famiglia durante gli alti e bassi di questo progetto.

La mia evoluzione come scrittore è figlia della necessità. La mia formazione è da meteorologo, ma mi ha sempre interessato capire la giustizia sociale del clima. Trovare il linguaggio della chiarezza morale e della giustizia è un processo in divenire, ma queste persone in particolare, e tante altre che non ho citato, hanno influenzato il mio cammino: Kathy Jentil-Kijiner, Paul Robbins, Mark Chmiel, Katherine Crocker, Sarah Myhre, Sydney Ghazarian, Justine Calma, Kaitlin Curtice, Winston Hearn, Tanmoy Goswami, Irene Caselli, OluTimehin Adegbeye e Nesrine Malik.

Sono molto grato, per la chiara narrazione sul clima e per le infinite conversazioni avute negli anni, a Jennie Ferrara, Jamie Margolin, Julia Steinberger, Nathan Thanki, Renee Lertzman, Faith Kearns, Alex Steffen, Mary Annaise Heglar, Jacquelyn Gill, Kevin Anderson, Glen Peters, Karthik Ganapathy, Pablo Suarez, Marjorie Brans, Mengesha Gebremichel, Michael Norton, Jon Foley, Deke Arndt, Dargan Frierson, Brian Kahn, Kate Knuth, Maria Langholz, e tanti altri, dentro e fuori le conversazioni di Twitter sul clima.

Non ricordo più chi mi ha dato il consiglio migliore che ho ricevuto durante questo lavoro: «La chiave per scrivere un buon libro è scriverne uno brutto e poi correggerlo». Vale per tutto ciò che facciamo, ogni giorno. L'unica cosa che conta è che lottiamo insieme, impariamo gli uni dagli altri e ci adoperiamo per la giustizia.

Un grazie speciale a Roscoe e Zeke per avermi tenuto per mano, per averci messo così tanto ad andare a dormire e per avermi dato il coraggio di immaginare un mondo migliore. Questo libro è dedicato a voi.

Eric Holthaus

Novembre 2019

Note

Nel momento in cui questo libro è stato dato alle stampe, tutti i riferimenti alle pagine web erano attivi. La situazione tuttavia potrebbe essere cambiata: la stessa pagina potrebbe mostrare contenuti diversi o addirittura non essere più disponibile.

Un'emergenza esistenziale

1 "EPA Says Puerto Rico Residents Resorted to Contaminated Water at Dorado Superfund", in *The Verge*, 13 ottobre 2017, www.theverge.com/2017/10/13/16474428 /puerto-rico-hurricane-maria-superfund-site-water-shortage-epa -recovery.
2 Comunicazione personale via sms, 26 settembre 2017.
3 KEELLINGS, David e HERNANDEZ AYALA, Jose J., "Extreme Rainfall Associated with Hurricane Maria over Puerto Rico and Its Connections to Climate Variability and Change", in *Geophysical Research Letters* 46, n. 5 (marzo 2019), 2964-73, https://agupubs.onlinelibrary.wiley.com/doi/10.1029/2019GL082077.
4 American Geophysical Union, "Climate Change to Blame for Hurricane Maria's Extreme Rainfall", comunicato stampa, 16 aprile 2019, https://phys.org/news/2019-04-climate-blame-hurricane-maria-extreme.html.
5 Earth Institute, Columbia University, "Hurricane Maria Study Warns: Future Climate-Driven Storms May Raze Many Tropical Forests", comunicato stampa, 25 marzo 2019, www.eurekalert.org/pub_releases/2019-03/eiac-hms032119.php.
6 CALMA, Justine, "The Storm Isn't Over", in *Grist*, 8 gennaio 2018, https://grist.org/briefly/hurricane-survivors-are-still-dealing-with-the-emotional-toll-of-2017s- horrific-storms/.
7 FRIEDLANDER, Blaine, "Severe Caribbean Droughts May

Magnify Food Insecurity", in *Cornell Chronicle*, 5 novembre 2018, news.cornell.edu/stories/2018/11/severe-caribbean-droughts-may-magnify-food-insecurity.
8 WHEELING, Kate, "After a Record-Breaking Atlantic Hurricane Season, Here's What to Expect in the South Pacific", in *Pacific Standard*, 3 novembre 2017, https://psmag.com/environment/cop23-what-to-expect-from-cyclone-season-in-south-pacific.
9 "Cyclone Idai: Emergency Getting 'Bigger by the Hour', Warns UN Food Agency", UN News, 19 marzo 2019, https://news.un.org/en/story/2019/ 03/1034951.
10 FARQUHARSON, Louise M., ROMANOVSKY, Vladimir E., CABLE, William L., WALKER, Donald A., KOKELJ, Steven V. e NICOLSKY, Dmitry, "Climate Change Drives Widespread and Rapid Thermokarst Development in Very Cold Permafrost in the Canadian High Arctic", in *Geophysical Research Letters* 46, n. 12 (giugno 2019): 6681–89, https://agupubs.onlinelibrary.wiley.com/doi/full/10.1029/ 2019GL082187.
11 REINY, Samson, "Arctic Shifts to a Carbon Source due to Winter Soil Emissions", NASA, 8 novembre 2019, https://www.nasa.gov/feature/goddard/2019/arctic-shifts-to-a-carbon-source-due-to-winter-soil-emissions.
12 "July 2019 Officially Hottest Month Ever Measured on Earth", The Weather Network, 6 agosto 2019, https://www.theweathernetwork.com/ca/news/article/july-2019-officially-hottest-month-ever-measured-on-earth.
13 CHARLES, Jacqueline, "Why Some Hurricane Dorian Survivors Are Staying on Abaco: 'We Believe in Bouncing Back'", in *Miami Herald*, 14 settembre 2019, https://www.miamiherald.com/news/weather/hurricane/article235043772.html.
14 "Bushfires Crisis: Thousands Stranded in New Year's Eve Fury", in *The Australian*, s.d., https://www.theaustralian.com.au/nation/bushfires-crisis-thousands-stranded-in-new-years-eve-fury/news-story/b65fc8b80c92fa31c79cfbd91c12aa44.
15 "A Statement About the 480 Million Animals Killed in NSW Bushfires Since September", University of Sydney, 3 gennaio 2020, https://sydney.edu.au/news-opinion/news/2020/01/03/a-statement-about-the-480-million-animals-killed-in-nsw-bushfire.html.
16 PARKINSON, Alan J. *et al.*, "Climate Change and Infectious

Diseases in the Arctic: Establishment of a Circumpolar Working Group", in *International Journal of Circumpolar Health*, 30 settembre 2014, https://www.ncbi.nlm.nih.gov/pmc/articles/PMC4185088/.
17 COFFEL, Ethan D., HORTON, Radley M. e DE SHERBININ, Alex, "Temperature and Humidity Based Projections of a Rapid Rise in Global Heat Stress Exposure During the 21st Century", in *Environmental Research Letters* 13, n. 1 (dicembre 2017): 014001, https://iopscience.iop.org/article/10.1088/1748-9326/aaa00e/meta.
18 BETHUNE, Sophie, "Gen Z More Likely to Report Mental Health Concerns", in *American Psychological Association* 50, n. 1 (gennaio 2019), https://www.apa.org/monitor/2019/01/gen-z.
19 FORBES, Bruce C., KUMPULA, Timo, MESCHTYB, Nina, LAPTANDER, Roza, MACIAS-FAURIA, Marc, ZETTERBERG, Pentii, VERDONEN, Mariana et al., "Sea Ice, Rain-on-Snow and Tundra Reindeer Nomadism in Arctic Russia", in *Biology Letters* 12, n. 11 (novembre 2016): 20160466, https://royalsocietypublishing.org/doi/full/ 10.1098/rsbl.2016.0466.
20 KAHN, Brian, post su Twitter, 6 giugno 2018, https://twitter.com/blkahn/status/1004404764766023680.
21 Union of Concerned Scientists, *Underwater: Rising Seas, Chronic Floods, and the Implications for US Coastal Real Estate*, rapporto, 18 giugno 2018, https://www.ucsusa.org/resources/underwater.
22 HANSEN, James, "Ice Melt, Sea Level Rise and Superstorms: The Threat of Irreparable Harm", 22 marzo 2016, http://www.columbia.edu/~jeh1/mailings/2016/20160322_IrreparableHarm.pdf.
23 "Jellyfish Are Taking Over!", in *Living on Earth*, 2 dicembre 2016, https://loe.org/shows/segments.html?programID=16-P13-00049&segmentID=5.
24 ROSENZWEIG, Cynthia, KAROLY, David, VICARELLI, Marta, NEOFOTIS, Peter, WU, Qigang, CASASSA, Gino, MENZEL, Annette *et al.*, "Attributing Physical and Biological Impacts to Anthropogenic Climate Change", in *Nature* 453 (maggio 2008): 353-57, consultato sul sito web di Climate Signals, https://www.climatesignals.org/scientific-reports/attributing-physical-and-biological-impacts-anthropogenic-climate-change.
25 Comunicazione personale via e-mail, 19 febbraio 2019.

26 ALBRECHT, Glenn, "The Age of Solastalgia", in *The Conversation*, 7 agosto 2012, https://theconversation.com/the-age-of-solastalgia-8337.
27 MOORE, Frances C., OBRADOVICH, Nick, LEHNER, Flavio e BAYLIS, Patrick, "Rapidly Declining Remarkability of Temperature Anomalies May Obscure Public Perception of Climate Change", in *Proceedings of the National Academy of Sciences of the United States of America* 116, n. 11 (12 marzo 2019), https://www.pnas.org/content/116/11/4905.
28 FECHT, Sarah, "Current Megadrought in the West Could Be One of the Worst in History", in *State of the Planet*, Earth Institute, Columbia University, 13 dicembre 2018, https://blogs.ei.columbia.edu/2018/12/13/megadrought-west-climate-change/.
29 MYHRE, Sarah, post su Twitter, https://twitter.com/SarahEMyhre/status/1164211181013196801?s=03).
30 KLEIN, Naomi, "Let Them Drown: The Violence of Othering in a Warming World", in *London Review of Books* 38, n. 11 (2 giugno 2016), https://www.lrb.co.uk/v38/n11/naomi-klein/let-them-drown.
31 Intergovernmental Panel on Climate Change (IPCC), *Special Report: Global Warming of 1.5° C*, 2018, https://www.ipcc.ch/sr15/.
32 Domanda posta durante la conferenza stampa dell'IPCC, 8 ottobre 2018, via link, a partire dal minuto 47:58, https://www.youtube.com/watch?v=12S3dKrxj7c.
33 Intergovernmental Science-Policy Platform on Biodiversity and Ecosystem Services (IPBES), "Nature's Dangerous Decline 'Unprecedented'; Species Extinction Rates 'Accelerating'", comunicato stampa, 4 maggio 2019, https://ipbes.net/news/Media-Release-Global-Assessment.
34 WATTS, Jonathan, "Human Society Under Urgent Threat from Loss of Earth's Natural Life", in *The Guardian*, 6 maggio 2019, https://www.theguardian.com/environment/2019/may/06/human-society-under-urgent-threat-loss-earth-natural-life-un-report.
35 DAVEY, Melissa, "Humans Causing Climate to Change 170 Times Faster than Natural Forces", in *The Guardian*, 12 febbraio 2017, https://www.theguardian.com/environment/2017/feb/12/humans-causing-climate-to-change-170-times-faster-than-natural-forces.

36 Davey, Melissa, "Humans Are Changing Climate Faster Than Natural Forces", Climate Central, 19 febbraio 2017, https://www.climatecentral.org/news/humans-changing-climate-faster-than-natural-forces-21175.
37 Comunicazione telefonica personale, 16 gennaio 2016.
38 Innis, Michael, "Climate-Related Death of Coral Around World Alarms Scientists", in *The New York Times*, 9 aprile 2016, https://www.nytimes.com/2016/04/10/world/asia/climate-related-death-of-coral-around-world-alarms-scientists.html.
39 Comunicazione telefonica personale, 9 aprile 2016.
40 Holthaus, Eric, "The Largest Coral Atoll in the World Lost 80 Percent of Its Coral to Bleaching", *ThinkProgress*, 12 aprile 2016, https://thinkprogress.org/the-largest-coral-atoll-in-the-world-lost-80-percent-of-its-coral-to-bleaching-168ba23b0562/.
41 Mooney, Chris e Dennis, Brady, "The World Has Just over a Decade to Get Climate Change Under Control, U.N. Scientists Say", in *The Washington Post*, 7 ottobre 2018, https://www.washingtonpost.com/energy-environment/2018/10/08/world-has-only-years-get-climate-change-under-control-un-scientists-say/.
42 Intergovernmental Panel on Climate Change, *Special Report: Global Warming of 1.5 °C*, 2018, https://www.ipcc.ch/sr15/chapter/spm/.
43 Conferenza stampa dell'IPCC, 8 ottobre 2018, https://www.youtube.com/watch?v=12S3dKrxj7c.
44 Comunicazione telefonica personale, 9 maggio 2019.
45 Comunicazione telefonica personale, 9 maggio 2019.
46 Comunicazione telefonica personale, 26 febbraio 2019.
47 Comunicazione telefonica personale, 26 febbraio 2019.
48 Comunicazione telefonica personale, 26 febbraio 2019.
49 Comunicazione telefonica personale, 29 novembre 2016.
50 Stockholm Resilience Centre, "Curbing Emissions with a New 'Carbon Law'", Università di Stoccolma, 23 marzo 2017, https://www.stockholmresilience.org/research/research-news/2017-03-23-curbing-emissions-with-a-new-carbon-law. html.
51 Plumer, Brad, "Scientists Made a Detailed 'Roadmap' for Meeting the Paris Goals. It's Eye-Opening", in *Vox*, 24 marzo 2017, https://www.vox.com/energy-and-environment/2017/3/-23/15028480/roadmap-paris-climate-goals.
52 Berton, Elena, "Flight Shaming Hits Air Travel as 'Greta Ef-

fect' Takes Off", Reuters, 2 ottobre 2019, https://www.reuters.com/article/us-travel-flying-climate/flight-shaming-hits-air-travel-as-greta-effect-takes-off-idUSKBN1WH23G.

53 "Greta Thunberg Full Speech at UN Climate Change COP24 Conference", 15 dicembre 2018, https://www.youtube.com/watch?v=VFkQSGyeCWg.

54 Greta Thunberg, post su Facebook, 11 febbraio 2019, https://www.facebook.com/gretathunbergsweden/photos/a.733630957004727/773673599667129/?type=1&theater.

55 United Nations, *Report of the Intergovernmental Negotiating Committee for a Framework Convention on Climate Change on the Work of the Second Part of Its Fifth Session, Held at New York from 30 April to 9 May 1992*, https://unfccc.int/sites/default/files/resource/docs/a/18p2a01.pdf.

56 Guenther, Genevieve, "Who Is the *We* in 'We Are Causing Climate Change'?", in *Slate*, 10 ottobre 2018, https://slate.com/technology/2018/10/who-is-we-causing-climate-change.html

57 Westervelt, Amy, "The Case for Climate Rage", in *Popula*, 19 agosto 2019, https://popula.com/2019/08/19/the-case-for-climate-rage/.

58 Marvel, Kate, "We Need Courage, Not Hope, to Face Climate Change", blog On Being, 1° marzo 2018, https://onbeing.org/blog/kate-marvel-we-need-courage-not-hope-to-face-climate-change/.

59 Comunicazione telefonica personale, 15 febbraio 2019.

60 McGrath, Matt, "'Reasons to Be Hopeful' on 1.5C Global Temperature Target", BBC News, 3 ottobre 2018, https://www.bbc.com/news/science-environment-45720740.

61 Hood, Marlow, "UN Report on 'Mission Impossible' Climate Target: Key Points", Phys.org, 1° ottobre 2018, https://phys.org/news/2018-10-mission-impossible-climate-key.html.

62 Comunicazione telefonica personale, 26 febbraio 2019.

63 Brave Noisecat, Julian, "We Need Indigenous Wisdom to Survive the Apocalypse", in *The Walrus*, 18 ottobre 2019, https://thewalrus.ca/we-need-indigenous-wisdom-to-survive-the-apocalypse/.

64 Comunicazione telefonica personale, 20 febbraio 2019.

65 Comunicazione telefonica personale, 20 febbraio 2019.

66 Sharp, Fawn e Randazzo, Matthew, "In Shadow of #MeToo: The Coming Reckoning on Consent and Climate Change", in *Cross-*

cut, 30 aprile 2019, https://crosscut.com/2019/04/shadow-me-too-coming-reckoning-consent-and-climate-change.
67 Comunicazione telefonica personale, 20 febbraio 2019.
68 Comunicazione telefonica personale, 20 febbraio 2019.
69 Comunicazione telefonica personale, 26 febbraio 2019.
70 Comunicazione telefonica personale, 26 febbraio 2019.
71 Comunicazione telefonica personale, 9 gennaio 2019.
72 OCASIO-CORTEZ, Alexandria, post su Twitter, 6 maggio 2019, https://twitter.com/AOC/status/1125432683448950784.
73 Comunicazione telefonica personale, 18 gennaio 2019.
74 Assemblea cittadina organizzata dal Sunrise Movement presso il Macalester College, 25 aprile 2019, https://www.facebook.com/sunriseminnesota/posts/this-is-a-live-stream-of-macalesters-sunrise-town-hall-meeting-for-a-green-new-d/2223756721049255/.
75 Appunti personali all'assemblea cittadina organizzata dal Sunrise Movement presso il Macalester College, 25 aprile 2019, https://www.facebook.com/sunriseminnesota/posts/this-is-a-live-stream-of-macalesters-sunrise-town-hall-meeting-for-a-green-new-d/2223756721049255/.
76 Assemblea cittadina organizzata dal Sunrise Movement presso il Macalester College, 25 aprile 2019.
77 Comunicazione telefonica personale, 18 gennaio 2019.
78 116° Congresso, "H.Res.109 Recognizing the Duty of the Federal Government to Create a Green New Deal", presentata il 7 febbraio 2019, https://www.congress.gov/bill/116th-congress/house-resolution/109/text.
79 KURTZLEBEN, Danielle, "Rep. Alexandria Ocasio-Cortez Releases Green New Deal Outline", 7 febbraio 2019, NPR, https://www.npr.org/2019/02/07/691997301/rep-alexandria-ocasio-cortez-releases-green-new-deal-outline.
80 "Thousands in New Zealand Kick-Start New Wave of Climate Protests", in *Aljazeera*, 26 settembre 2019, https://www.aljazeera.com/news/2019/09/thousands-zealand-kick-start-wave-climate-protests-190927033920880.html.
81 TIDMAN, Zoe, "New Zealand Passes 'Zero Carbon' Law in Fight Against Climate Change", in *The Independent*, 7 novembre 2019, https://www.independent.co.uk/news/world/australasia/new-zealand-zero-carbon-law-emissions-jacinda-ardern-climate-change-a9189341.html.

82 “Impacts of 1.5°C of Global Warming on Natural and Human Systems”, cap. 3, http://iacweb.ethz.ch/staff/sonia/download/etc/IPCC_SR15_Storylines/ IPCC_ SR15_Storylines.pdf.
83 “Impacts of 1.5°C of Global Warming on Natural and Human Systems”, cap. 3, http://iacweb.ethz.ch/staff/sonia/download/etc/IPCC_SR15_Storylines/IPCC_SR15_Storylines.pdf.
84 “Impacts of 1.5°C of Global Warming on Natural and Human Systems”, cap. 3, http://iacweb.ethz.ch/staff/sonia/download/etc/IPCC_SR15_Storylines/IPCC_SR15_Storylines.pdf.

2020-2030: un successo catastrofico

85 JUNIOR, “Yangdidi: Stories from Super Typhoon Maysak Survivors”, 24 dicembre 2015, http://blogs.ubc.ca/yangdidi/-2015/12/24/junior/.
86 Servizio per la Solutions Journalism Network: “Typhoon Haiyan Forces an Entire Island Community to Relocate”, PRI, 22 novembre 2013, https://www.pri.org/stories/2013-11-22/typhoon-haiyan-forces-entire-island-community-relocate.
87 “Typhoon Haiyan: Philippines Battles to Bring Storm Aid”, BBC News, 10 novembre 2013, https://www.bbc.com/news/world-asia-24887746.
88 “Typhoon Haiyan”, https://www.bbc.com/news/world-asia-24887746.
89 Comunicazione telefonica personale, 29 novembre 2016.
90 KING, Ed, “Tony de Brum: The Emerging Climate Champion at COP21”, Climate Home News, 12 ottobre 2015, https://www.climatechangenews.com/2015/12/10/tony-de-brum-the-emerging-climate-champion-at-cop21/.
91 LEEM, Selina, “Marshall Islands 18-Year-Old Thanks UN for Climate Pact”, Climate Change News, 14 dicembre 2015, https://www.climatechangenews.com/2015/12/14/marshall-islands-18-year-old-thanks-un-for-climate-pact/.
92 Comunicazione telefonica personale, 29 novembre 2016.
93 Comunicazione telefonica personale, 29 novembre 2016.
94 Comunicazione telefonica personale, 29 novembre 2016.
95 LEEM, Selina, “Marshall Islands 18-Year-Old Thanks UN for Climate Pact”, https:// www.climatechangenews.com/2015/12/14/marshall-islands-18-year-old-thanks-un-for-climate-pact/.

96 ABEL, Guy J., BROTTRAGER, Michael, CUARESMA, Jesus Crespo e MUTTARAK, Raya, "Climate, Conflict, and Forced Migration", in *Global Environmental Change* 54 (gennaio 2019): 239-49, https://www.sciencedirect.com/science/article/pii/S0959378018301596?via%3Dihub.
97 WERRELL, Caitlin e FEMIA, Francesco, "Climate Change and National Security in the 2014 Quadrennial Defense Review", Center for Climate and Security, 4 marzo 2014, https://climateandsecurity.org/2014/03/04/climate-change-and-national-security-in-the-2014-quadrennial-defense-review/.
98 "Marshalls Likens Climate Change Migration to Cultural Genocide", RNZ, 6 ottobre 2015, https://www.rnz.co.nz/international/pacific-news/286139/marshalls-likens-climate-change-migration-to-cultural-genocide.
99 SCHEINMAN, Ted, "COP22 in Review: We'll Work Until We Drown", in *Pacific Standard*, 18 novembre 2016, https://psmag.com/news/cop22-in-review-well-work-until-we-drown.
100 "Statuto delle Nazioni Unite, Capitolo VII: Azione rispetto alle minacce alla pace, alle violazioni della pace e agli atti di aggressione", https://www.miur.gov.it/documents/20182/4394634/1.%20Statuto-onu.pdf.
101 Comunicazione telefonica personale, 1° febbraio 2017.
102 Comunicazione telefonica personale, 1° febbraio 2017.
103 Comunicazione telefonica personale, 1° febbraio 2017.
104 GERRARD, Michael B., "America Is the Worst Polluter in the History of the World. We Should Let Climate Change Refugees Resettle Here", in *The Washington Post*, 25 giugno 2015, https://www.washingtonpost.com/opinions/america-is-the-worst-polluter-in-the-history-of-the-world-we-should-let-climate-change-refugees-resettle-here/2015/06/25/28a55238-1a9c-11e5-ab92-c75ae6ab94b5_story.html.
105 Comunicazione telefonica personale, 1° febbraio 2017.
106 Comunicazione telefonica personale, 1° dicembre 2016.
107 ARNDT, Deke, post su Twitter, 5 giugno 2019, https://twitter.com/DekeArndt/status/1136259382151245825.
108 WILSON, Jason, "Eco-fascism Is Undergoing a Revival in the Fetid Culture of the Extreme Right", in *The Guardian*, 19 marzo 2019, https://www.theguardian.com/world/commentisfree/2019/mar/20/eco-fascism-is-undergoing-a-revival-in-the-fetid-culture-of-the-extreme-right.

109 MORA, Camilo, SPIRANDELLI, Daniele, FRANKLIN, Erik C., LYNHAM, John, KANTAR, Michael B., MILES, Wendy, SMITH, Charlotte Z. *et al.*, "Broad Threat to Humanity from Cumulative Climate Hazards Intensified by Greenhouse Gas Emissions", in *Nature Climate Change* 8 (dicembre 2018): 1062-71, https://doi.org/10.1038/s41558-018-0315-6.
110 HOLTHAUS, Eric, "'Climate Change War' Is Not a Metaphor", in *Slate*, 18 aprile 2014, https://slate.com/technology/2014/04/david-titley-climate-change-war-an-interview-with-the-retired-rear-admiral-of-the-navy.html.
111 KONING BEALS, Rachel, "Goldman Sachs Becomes First Major U.S. Bank to Stop Funding Arctic Drilling, Pulls Back on Coal", MarketWatch, 21 dicembre 2019, https://www.marketwatch.com/story/goldman-sachs-becomes-first-major-us-bank-to-stop-funding-arctic-drilling-pulls-back-on-coal-2019-12-16?link=sfmw_tw.
112 Comunicazione personale via Twitter, 18 ottobre 2019.
113 Comunicazione telefonica personale, 12 gennaio 2019.
114 HOLTHAUS, Eric, "'Climate Change War' Is Not a Metaphor", https://slate.com/technology/2014/04/david-titley-climate-change-war-an-interview-with-the-retired-rear-admiral-of-the-navy.html.
115 Comunicazione telefonica personale, 18 gennaio 2019.
116 "The Green New Deal", Bernie Sanders.com, visitato il 15 gennaio 2020, https://berniesanders.com/en/issues/green-new-deal/.
117 "The Global Price Tag for 100 Percent Renewable Energy: $73 Trillion", Yale Environment 360, 20 dicembre 2019, https://e360.yale.edu/digest/the-global-price-tag-for-100-percent-renewable-energy-73-trillion.
118 Comunicazione telefonica personale, 19 febbraio 2019.
119 Comunicazione telefonica personale, 15 febbraio 2019.
120 MOMMERS, Jelmer, "Thanks to This Landmark Court Ruling, Climate Action Is Now Inseparable from Human Rights", in *The Correspondent*, dicembre 2019, https://thecorrespondent.com/194/thanks-to-this-landmark-court-ruling-climate-action-is-now-inseparable-from-human-rights/25683007966-93bb1751.
121 MOMMERS, Jelmer, "Lawyers Are Going to Court to Stop Climate Change. And It Might Just Work", in *The Correspon-*

dent, dicembre 2019, https://thecorrespondent.com/185/lawyers-are-going-to-court-to-stop-climate-change-and-it-might-just-work/24491528215-2ac4e218.
122 "Children Sue Over Climate Change", in *Slate*, 16 novembre 2015, https://slate.com/news-and-politics/2015/11/children-sue-the-obama-administration-over-climate-change.html.
123 *Juliana v. United States*, United States Court of Appeals for Ninth Circuit, http://blogs2.law.columbia.edu/climate-change-litigation/wp-content/uploads/sites/16/case-documents/-2020/20200117_docket-18-36082_opinion.pdf.
124 Comunicazione telefonica personale, 8 febbraio 2019.
125 BHATTACHARYA, Ananya, "Birds to Holy Rivers: A List of Everything India Considers 'Legal Persons'", Quartz India, 7 giugno 2019, https://qz.com/india/1636326/who-apart-from-human-beings-are-legal-persons-in-india/amp/?__twitter_impression=true.
126 COUGHLIN, Celeste, "Rights of the Pacific Ocean Initiative", Earth Law Center, 23 aprile 2019, https://www.earthlawcenter.org/blog-entries/2019/4/rights-of-the-pacific-ocean-initiative.

2030-2040: una gestione radicalmente responsabile

127 Comunicazione telefonica personale, 1° marzo 2019.
128 MATTERN, Shannon, "Maintenance and Care", in *Places Journal*, novembre 2018, https://placesjournal.org/article/maintenance-and-care/?cn-reloaded=1&cn-reloaded=1.
129 Comunicazione telefonica personale, 1° marzo 2019.
130 Comunicazione telefonica personale, 1° marzo 2019.
131 Comunicazione telefonica personale, 1° marzo 2019.
132 Comunicazione telefonica personale, 1° marzo 2019.
133 Comunicazione telefonica personale, 15 febbraio 2019.
134 CALLAGHAN, Peter, "In First Speech as Mayor, Melvin Carter Celebrates – and Challenges – Residents of St. Paul", in *MinnPost*, 3 gennaio 2018, https://www.minnpost.com/politics-policy/2018/01/first-speech-mayor-melvin-carter-celebrates-and-challenges-residents-st-paul/.
135 *Ibidem*.
136 Comunicazione telefonica personale, 12 gennaio 2019.

137 BIALYJ, Andrius, "The Future of Architecture: CLT Wooden Skyscrapers", blog sul sito web AGA CAD, 5 luglio 2019, www.aga-cad.com/blog/the-future-of-architecture-clt-wooden-skyscrapers.
138 Comunicazione telefonica personale, 1° marzo 2019.
139 "In Face of Rising Sea Levels the Netherlands 'Must Consider Controlled Withdrawal'", Vrij Nederland, 9 febbraio 2019, https://www.vn.nl/rising-sea-levels-netherlands/.
140 DECONTO, Robert M. e POLLARD, David, "Contribution of Antarctica to Past and Future Sea-Level Rise", in *Nature* 531 (marzo 2016), pp. 591-97, https://www.nature.com/articles/nature17145.
141 TOLLEFSON, Jeff, "Antarctic Model Raises Prospect of Unstoppable Ice Collapse", in *Nature*, 30 marzo 2016, https://www.nature.com/news/antarctic-model-raises-prospect-of-unstoppable-ice-collapse-1.19638.
142 Comunicazione telefonica personale, 2 novembre 2017.
143 HOLTHAUS, Eric, "Ice Apocalypse", in *Grist*, 21 novembre 2017, https://grist.org/article/antarctica-doomsday-glaciers-could-flood-coastal-cities/.

2040-2050: nuove tecnologie e nuove spiritualità

144 GINGRICH, Newt, "Stop the Green Pig: Defeat the Boxer-Warner-Lieberman Green Pork Bill Capping American Jobs and Trading America's Future", in *Human Events*, 3 giugno 2008, https://humanevents.com/2008/06/03/stop-the-green-pig-defeat-the-boxerwarnerlieberman-green-pork-bill-capping-american-jobs-and-trading-americas-future/.
145 HARVEY, Chelsea, "Cleaning Up Air Pollution May Strengthen Global Warming", in *Scientific American*, 22 gennaio 2018, https://www.scientificamerican.com/article/cleaning-up-air-pollution-may-strengthen-global-warming/.
146 YANG, Zin et al., "Distinct Weekly Cycles of Thunderstorms and Potential Connection with Aerosol Type in China", in *Geophysical Research Letters* 43, n. 16, 28 agosto 2016, https://agupubs.onlinelibrary.wiley.com/doi/full/10.1002/ 2016GL070375.
147 SHINDELL, Drew e SMITH, Christopher J., "Climate and Air-Quality Benefits of a Realistic Phase-Out of Fossil Fuels",

in *Nature* 573, 19 settembre 2019, https://doi.org/10.1038/s41586-019-1554-z.

148 Holthaus, Eric, "Devil's Bargain", in *Grist*, 8 febbraio 2018, https://grist.org/article/geoengineering-climate-change-air-pollution-save-planet/.

149 Loria, Kevin, "A Last-Resort 'Planet-Hacking' Plan Could Make Earth Habitable for Longer – But Scientists Warn It Could Have Dramatic Consequences", in *Business Insider*, 20 luglio 2017, https://www.businessinsider.com/geoengineering-technology-could-cool-the-planet-2017-7.

150 Holthaus, Eric, "Devil's Bargain", 8 febbraio 2018, https://grist.org/article/geoengineering-climate-change-air-pollution-save-planet/.

151 Burrows, Leah, "Mitigating the Risk of Geoengineering", in *The Harvard Gazette*, 12 dicembre 2016, https://news.harvard.edu/gazette/story/2016/12/mitigating-the-risk-of-geoengineering/.

152 Trisos, Christopher H. *et al.*, "Potentially Dangerous Consequences for Biodiversity of Solar Geoengineering Implementation and Termination", in *Nature Ecology and Evolution* 2 (2018): pp. 475-82, https://www.nature. com/articles/s41559-017-0431-0.

153 Holthaus, Eric, "Devil's Bargain", 8 febbraio 2018, https://grist.org/article/geoengineering-climate-change-air-pollution-save-planet/.

154 Hsiang, Solomon M. *et al.*, "Quantifying the Influence of Climate on Human Conflict", in *Science* 341, n. 6151, 13 settembre 2013, https://science.sciencemag.org/content/341/6151/1235367.

155 Comunicazione personale, 15 febbraio 2019.

156 Comunicazione personale, 8 febbraio 2019.

157 Comunicazione personale, 8 febbraio 2019.

158 Comunicazione personale, 15 ottobre 2019.

159 Buck, Holly Jean, "The Need for Carbon Renewal", in *Jacobin*, 24 luglio 2018, https://jacobinmag.com/2018/07/carbon-removal-geoengineering-global-warming.

160 Suarez, Pablo, "Geoengineering: A Humanitarian Concern", in *Earth's Future* 5, n. 2, 23 dicembre 2016, pp. 183-95, https://agupubs.onlinelibrary.wiley.com/doi/10.1002/2016-EF000464.

161 "Climate Futures – The Rise of Geoengineering and Its Poten-

tial Impacts for the Humanitarian Sector", IFRC, 20 febbraio 2017, https://www.youtube.com/watch?v=2oVnasx6hAo.
162 Comunicazione personale, 8 febbraio 2019.
163 Comunicazione personale, 20 febbraio 2019.
164 Comunicazione personale, 15 febbraio 2019.
165 Comunicazione personale, 19 febbraio 2019.

Epilogo

166 "Hurricane Dorian Wipes Out Parts of Bahamas", CNN Newsroom, trascrizione, 4 settembre 2019, http://us.cnn.com/TRANSCRIPTS/1909/04/cnr.18.html.
167 Il motivante discorso di John F. Kennedy: "We Choose to Go to the Moon", 12 settembre 1962, video postato il 26 luglio 2010 su YouTube, stissi101, https://www.youtube.com/watch?v=Ateh7hnEnik.
168 FERGUSON, Bernard, "Hurricane Dorian Was a Climate Injustice", in *The New Yorker*, 12 settembre 2019, https://www.newyorker.com/news/news-desk/hurricane-dorian-was-a-climate-injustice.
169 Comunicazione personale, 19 maggio 2016.
170 Contributo di Caroline Contillo.
171 Contributo di Lawrence Barriner II.

Questo volume è stato stampato nel marzo 2022
presso Rotolito S.p.A. – Milano